双模数节点外啮合
行星齿轮传动

鲍和云　李发家　朱如鹏　陆凤霞　靳广虎　著

机械工业出版社

节点外啮合齿轮传动在啮合过程中，实际啮合线在节点一侧，只在节点的一侧齿面上啮合，齿轮啮合时不经过节点。齿面上摩擦力只向着一个方向，不发生改变，避免了因摩擦力改变方向带来的激振因素，因此可以改善齿轮副传动的振动特性。采用双模数的齿轮副设计方法，可以扩大参数的选择范围，能够较容易地实现节点外啮合齿轮传动。

　　全书共分7章。包括双模数节点外啮合齿轮副参数设计方法、双模数节点外啮合行星齿轮传动系统优化设计方法、双模数节点外啮合齿轮副刚度计算方法、双模数节点外啮合齿轮副齿间载荷分配规律及试验验证、双模数节点外啮合行星齿轮传动强度计算方法、双模数节点外啮合行星齿轮传动系统动力学分析。为双模数节点外啮合齿轮传动的设计与使用提供参考。

　　本书可供机械工程研发、设计人员使用，也可供高校相关专业师生参考。

图书在版编目（CIP）数据

双模数节点外啮合行星齿轮传动/鲍和云等著 .—北京：机械工业出版社，2021. 12
　　ISBN 978-7-111-69659-9

　　Ⅰ.①双…　Ⅱ.①鲍…　Ⅲ.①行星齿轮传动-齿轮传动-机械设计
Ⅳ.①TH132. 425

中国版本图书馆 CIP 数据核字（2021）第 244991 号

机械工业出版社（北京市百万庄大街 22 号　邮政编码 100037）
策划编辑：张秀恩　责任编辑：张秀恩　刘本明
责任校对：郑　婕　王　延　封面设计：马精明
责任印制：李　昂
北京捷迅佳彩印刷有限公司印刷
2021 年 12 月第 1 版第 1 次印刷
169mm×239mm · 8. 75 印张 · 167 千字
0001—1200 册
标准书号：ISBN 978-7-111-69659-9
定价：75. 00 元

电话服务		网络服务	
客服电话：	010-88361066	机 工 官 网：	www.cmpbook.com
	010-88379833	机 工 官 博：	weibo. com/cmp1952
	010-68326294	金 书 网：	www.golden-book.com
封底无防伪标均为盗版		机工教育服务网：	www.cmpedu.com

前　言

节点外啮合齿轮副是指在齿轮副运转过程中，实际啮合线始终不经过节点，即要求齿轮副其中一个齿轮的节圆大于齿顶圆。为了保证齿轮副满足节点外啮合这一特点，齿轮需要进行较大的变位，而齿轮副的变位系数要控制在一定的范围内，不能取值过大，故存在一定的限制。

当一对齿轮副的模数 $m_1 = m_2$，压力角 $\alpha_1 = \alpha_2$ 时，此时为等模数等压力角；当 $m_1 \neq m_2$，$\alpha_1 \neq \alpha_2$ 时，此时的齿轮副即为双模数双压力角。齿轮副的两个齿轮采用模数不相等的设计方法，即在保证渐开线齿轮传动正确啮合条件 $m_1 \cos \alpha_1 = m_2 \cos \alpha_2$ 的前提下，两个相互啮合的齿轮采用双模数的设计方法，可以比较容易地实现齿轮副的节点外啮合这一特点。节点外啮合一共分为四种情况：外啮合节点前啮合，外啮合节点后啮合，内啮合节点前啮合以及内啮合节点后啮合。双模数双压力角节点外啮合的设计理念解除了模数和压力角的等式约束，为齿轮副的设计提供了更广阔的空间，有助于提高齿轮副总体的性能。

采用双模数节点外啮合传动，可使实际啮合线段位于节点的一侧，避免了啮合过程中由于齿面摩擦力改变方向引起的振动激励，可以改善齿轮副的振动特性，目前已用于航空齿轮传动系统中。

本书主要介绍了双模数节点外啮合齿轮传动的原理，开展了基础理论研究及试验验证。全书共分 7 章。包括双模数节点外啮合齿轮副参数设计方法、双模数节点外啮合行星齿轮传动系统优化设计方法、双模数节点外啮合齿轮副刚度计算方法、双模数节点外啮合齿轮副齿间载荷分配规律及试验验证、双模数节点外啮合行星齿轮传动强度计算方法、双模数节点外啮合行星齿轮传动系统动力学分析。为双模数节点外啮合齿轮传动的设计与使用提供参考。

本书的出版得到了国家自然科学基金（NO.51305196、51975274）及直升机传动技术重点实验室的资助，在此表示真挚的感谢。该书反映了诸多同事和研究生叶福民、渠珍珍、张亚运、王诠惠、周兴军、谭在银、孙永正、刘晶晶等多年来的诸多研究成果；研究生杨星光、周涛、杨曼为本书的出版付出了辛勤劳动，在此一并表示感谢。

由于水平所限，书中不妥之处在所难免，诚望广大读者批评指正。

作　者

于南京 2021.9

目　　录

第 1 章

双模数节点外啮合齿轮副参数设计方法

1.1 引言

节点外啮合齿轮副是指在齿轮副运转过程中，实际啮合线始终不经过节点，即要求齿轮副其中一个齿轮的节圆大于齿顶圆。为了保证齿轮副满足节点外啮合这一特点，齿轮需要进行较大的变位，而齿轮副的变位系数要控制在一定的范围内，取值不能过大，故存在一定的限制。节点外啮合一共分为四种情况：外啮合节点前啮合；外啮合节点后啮合；内啮合节点前啮合；内啮合节点后啮合。

当 $m_1 = m_2$ 时，$\alpha_1 = \alpha_2$，此时为等模数等压力角；当 $m_1 \neq m_2$，$\alpha_1 \neq \alpha_2$ 时，此时的齿轮副即为双模数双压力角。齿轮副的两个齿轮采用模数不相等的设计方法，即在保证渐开线齿轮传动正确啮合条件 $m_1 \cos \alpha_1 = m_2 \cos \alpha_2$ 的前提下，两个相互啮合的齿轮采用双模数的设计方法，可以比较容易实现齿轮副的节点外啮合这一特点。

双模数双压力角的设计理念解除了模数和压力角的等式约束，为齿轮副的设计提供了更广阔的空间，也提高了齿轮副总体的性能。

1.2 双模数外啮合齿轮副节点外啮合的实现方法

在齿轮副的啮合过程中，两个齿轮在 $B_1(B_2)$ 点进入啮合，从 $B_2(B_1)$ 点退出啮合，则 $B_1 B_2$ 称作齿轮实际啮合线，节点外啮合是指实际啮合线不经过节点 P。$B_1 B_2$ 在沿着啮合线的运动方向上处于节点 P 之前，称为节点前啮合齿轮副；$B_1 B_2$ 在沿着啮合线的运动方向上处于节点 P 之后，称为节点后啮合齿轮副。双模数外啮合齿轮副节点外啮合示意图如图 1-1 所示。

实现外啮合齿轮副节点前啮合的条件为：

$$r_1' > r_{a1} \tag{1-1}$$

式中，r_{a1} 是小齿轮齿顶圆半径（mm）；r_1' 是小齿轮节圆半径（mm）。

将式（1-1）转化为相应的角度形式得：

$$\alpha' > \alpha_{a1} \tag{1-2}$$

式中，α_{a1} 是小齿轮齿顶圆压力角（°）；α' 是齿轮啮合角（°）。

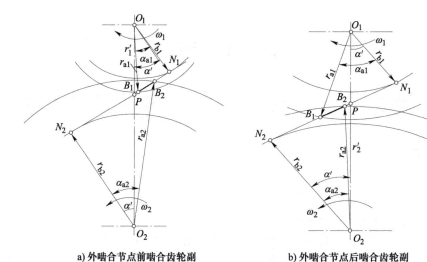

a) 外啮合节点前啮合齿轮副　　　　　　b) 外啮合节点后啮合齿轮副

图 1-1　双模数外啮合齿轮副节点外啮合示意图

为了表示节点外啮合齿轮副的节点距离实际啮合线的远近，定义了节点外系数。外啮合齿轮副节点前啮合的节点外系数表达式为：

$$\lambda = \frac{r_1' - r_{a1}}{m_1} \tag{1-3}$$

实现外啮合齿轮副节点后啮合的条件为：

$$r_2' > r_{a2} \tag{1-4}$$

式中，r_{a2} 是大齿轮齿顶圆半径（mm）；r_2' 是大齿轮节圆半径（mm）。

将式（1-4）转化为相应的角度形式得：

$$\alpha' > \alpha_{a2} \tag{1-5}$$

式中，α_{a2} 是大齿轮齿顶圆压力角（°）；α' 是齿轮啮合角（°）。

与外啮合节点前啮合相似，节点后啮合的节点外系数表达式为：

$$\lambda = \frac{r_2' - r_{a2}}{m_2} \tag{1-6}$$

一对渐开线齿轮副在啮合传动时，要使其能正确啮合，应使处于啮合线上的各对齿能同时进入啮合，即中心距应满足无侧隙啮合和顶隙为标准值两方面的要求。要满足无侧隙啮合，要求一个齿轮节圆齿厚等于另一个齿轮节圆的齿槽宽，即：

$$s_1' = e_2' \text{ 或 } s_2' = e_1' \tag{1-7}$$

式中，s_1'、s_2' 和 e_1'、e_2' 分别是两齿轮节圆的齿厚和齿槽宽（mm）。

化简标准外啮合齿轮副无侧隙啮合方程，可得双模数外啮合齿轮副无侧隙啮合的方程：

$$\text{inv}\alpha' = \frac{2(x_2\tan\alpha_2 + x_1\tan\alpha_1) + z_2\text{inv}\alpha_2 + z_1\text{inv}\alpha_1}{z_1 + z_2} \tag{1-8}$$

式中，x_1 是小齿轮变位系数；x_2 为大齿轮变位系数；α_1 是小齿轮分度圆压力角（°）；α_2 是大齿轮分度圆压力角（°）；z_1 是小齿轮齿数；z_2 是大齿轮齿数。

　　在无侧隙啮合方程式（1-8）的前提下，双模数齿轮副就具有了理论上的可行性，还可以得出齿轮副的啮合角与两个齿轮压力角之间的关系，结合外啮合节点外啮合的判定条件，可以得出双模数齿轮副压力角的设计方案，采用增加大齿轮压力角的设计方法，可以比较容易实现外啮合节点前啮合，采用增加小齿轮压力角的设计方法，可以比较容易实现外啮合节点后啮合，为双模数外啮合节点外啮合齿轮副的设计指明了方向。

1.2.1　双模数外啮合齿轮副节点前啮合的实现方法

　　在设计一对齿轮副时，要考虑到其从加工到使用过程中所有可能遇到的情况。在加工时要避免渐开线齿廓根切的发生；在啮合时要保证过渡曲线不干涉，齿顶厚的限制条件为大于 0.35 倍模数；齿轮副的重合度通常要求大于 1.2 等条件，保证齿轮副的正常工作。

　　根据分析可以得出，满足外啮合齿轮副的节点前啮合，小齿轮一般需要进行比较大的负变位，同时采用的压力角较小，大齿轮则需要比较大的正变位，同时采用相对较大的压力角，这样才可以相对容易实现这一特殊啮合的齿轮副。

　　选择齿顶高系数、压力角和变位系数为研究参数，分析各个参数对外啮合节点前啮合的影响规律，以获得双模数外啮合节点前啮合齿轮副参数的设计规律和可行区域。针对某一组外啮合节点前啮合齿轮副为算例，齿轮副参数见表 1-1，齿轮采用硬齿面，将齿顶厚的限制条件设定为大于 0.35 倍模数，且齿轮副满足不发生根切和过渡曲线干涉等条件。

表 1-1　双模数外啮合节点前啮合齿轮副参数

参数	数值	参数	数值	参数	数值
模数 m_1/mm	3.0	齿数 z_1	35	z_1 压力角 α_1/(°)	20
模数 m_2/mm	3.1105	齿数 z_2	61	z_2 压力角 α_2/(°)	25

　　理论上，只要变位系数足够大就可以满足节点外啮合这一啮合状态，但是齿轮副还受到重合度和齿顶厚等条件的约束。因此，需要分析齿顶高系数、压力角对节点外啮合的影响，即分析各个齿轮副参数下变位系数的可行区域，这样在设计节点外啮合齿轮副时就可以在可行区域内寻找满足条件的齿轮副参数。

1. 齿顶高系数对双模数外啮合齿轮副节点前啮合的影响

齿顶圆半径、节圆半径的表达式如下：

$$\begin{cases} r_{a1} = \dfrac{1}{2}m_1 z_1 + (h_{a1}^* + x_1 - \Delta y_1)m_1 \\ r_1' = \dfrac{1}{2}m_1 \cos\alpha_1 z_1 / \cos\alpha' \\ r_1' - r_{a1} \geqslant 0 \end{cases} \quad (1\text{-}9)$$

式中，m_1 是小齿轮模数（mm）；z 是小齿轮齿数；α_1 是小齿轮分度圆压力角（°）；α' 是实际啮合角（°）；x_1 是小齿轮变位系数；h_{a1}^* 是小齿轮齿顶高系数；Δy_1 是小齿轮齿顶高变动系数，r_1' 是小齿轮节圆半径（mm）；r_{a1} 是小齿轮顶圆半径（mm）。

通过化简式（1-9）可以得出满足节点前啮合齿顶高系数 h_{a1}^* 的条件：

$$h_{a1}^* \leqslant \dfrac{1}{2}z_1\left(\dfrac{\cos\alpha_1}{\cos\alpha'} - 1\right) - x_1 + \Delta y_1 \quad (1\text{-}10)$$

由式（1-10）可以得出齿顶高系数较小时容易实现节点外啮合，但是齿顶高系数变小会带来重合度的减小，所以需要综合分析齿顶高系数的影响。

首先取齿顶高系数 $h_a^* = 0.8$ 和 1，其他参数见表 1-1，满足齿顶厚大于 0.35 倍模数，重合度大于 1.2，且齿轮不发生根切和过渡曲线干涉等条件，以保证齿轮正常工作，得出两个齿轮的齿顶高系数对双模数外啮合齿轮副节点前啮合可行区域的影响，如图 1-2 所示。

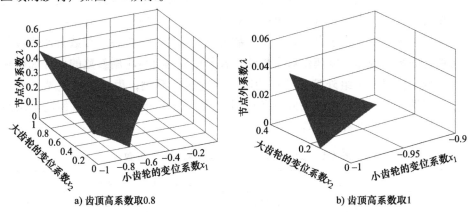

a) 齿顶高系数取0.8　　　　　　　　b) 齿顶高系数取1

图 1-2　齿顶高系数对双模数外啮合齿轮副节点前啮合可行区域的影响

由图 1-2 可知，随着齿顶高系数的增加，节点外系数的可行区域和数值都大幅度的减小。齿顶高系数取 0.8 时，节点外系数的取值较大，可行区域较广，变位系数也不是特别大，可以比较容易实现齿轮副节点外啮合。在齿顶高系数取 1 时，节点外系数取值比较小，几乎为零；小齿轮的变位系数很大，很难满足齿轮副的运行。

　　下面根据外啮合齿轮副节点前啮合的特点，分析节点外系数随着齿顶高系数增加而减小的原因。齿顶高系数对齿顶厚和重合度的影响都比较大，随着齿顶高系数的增加，齿顶厚变小，重合度增加，所以只需分析齿顶高系数对齿顶厚的影响；要实现节点前啮合，小齿轮需要进行比较大的负变位，而大齿轮需要较大的正变位，齿顶厚会变小，将小齿轮变位系数取定值分别为 -0.1 和 -0.2，分析大齿轮齿顶厚随其变位系数的变化趋势，如图 1-3 所示。

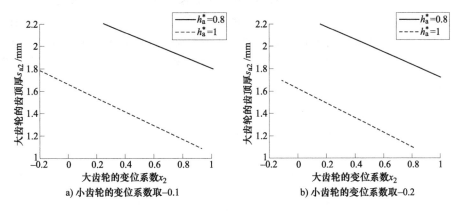

a) 小齿轮的变位系数取-0.1　　　　　　b) 小齿轮的变位系数取-0.2

图 1-3　大齿轮齿顶厚随其变位系数的变化趋势

　　由图 1-3 可知，在满足齿顶厚大于 0.35 倍的模数等条件下，齿顶高系数对变位系数可行区域的影响并不是很大，即齿顶高系数对大齿轮的齿顶厚影响不是很大。齿顶高系数对齿顶圆压力角的影响比较大，下面从节点前判定条件分析齿顶高系数对齿顶圆压力角的影响，分析齿顶高系数和小齿轮齿顶圆压力角之间的关系，如图 1-4 所示。

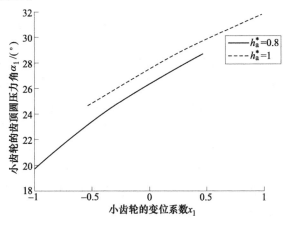

图 1-4　齿顶高系数对小齿轮齿顶圆压力角的影响

由图 1-4 可知,齿顶高系数取 1 时,小齿轮的齿顶圆压力角较大,而对于外啮合节点前啮合齿轮副,需要小齿轮的齿顶圆压力角小于齿轮副的啮合角,这样就很难满足节点前啮合的判定条件,所以应该选用较小的齿顶高系数,取短齿的标准,齿顶高系数取 0.8。通过以上分析可以得出,齿顶高系数是通过影响小齿轮的齿顶圆压力角来影响齿轮副的节点外系数以及可行区域的。

2. 压力角对双模数外啮合齿轮副节点前啮合的影响

根据无侧隙啮合方程式(1-8)得出双模数齿轮副也具有不同的压力角,那么分析不同组合的压力角对节点外可行区域的影响。对于外啮合齿轮副节点前啮合,采用保持小齿轮分度圆压力角不变,增加大齿轮分度圆压力角的方法,分别取 $\alpha_2 = 21°$、$23°$、$25°$、$28°$、$30°$,相对应的大齿轮模数取 $m_2 = 3.0916$、3.0625、3.1105、3.1928、3.2552,得出压力角对双模数外啮合齿轮副节点前啮合可行区域的影响,如图 1-5 所示。

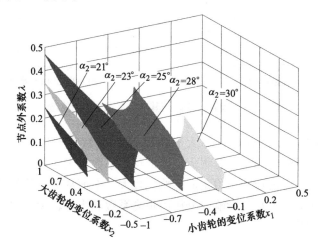

图 1-5　压力角对双模数外啮合齿轮副节点前啮合可行区域的影响

由图 1-5 可知,随着大齿轮压力角的增加,两个齿轮压力角的差值一直变大,齿轮副的节点外啮合可行区域呈现先增加后减小的趋势,节点外系数所能取到的最大值也呈现先增加后减小的趋势;由 $\alpha_2 = 21°$ 到 $\alpha_2 = 25°$ 这一范围内,可行区域的范围随着大齿轮压力角的增大而增大,随着大齿轮压力角的不断增加,齿轮副的啮合角随之增加,根据节点前啮合的定义可知,需要啮合角大于小齿轮的齿顶圆压力角,则实现节点外啮合更加的容易,所以可行域在不断地增大,在此过程中,大齿轮压力角的增加对齿顶厚和重合度的影响在许可范围内,可以满足齿轮副工作条件。在 $\alpha_2 = 25°$ 左右,节点外啮合可行区域的范围达到最大,由 $\alpha_2 = 25°$ 到 $\alpha_2 = 30°$ 这一范围内,可行区域随着大齿轮压力角的增大而减小。虽然随着大齿轮压力角的不断增加，齿轮副的啮合角不断增加，由节点外啮合的定义，可得节点外啮合实现起来应该更加的容易，但是随着压力角的增加，齿顶厚和重合度不再满足齿轮副正常运转的条件，可行区域向着小齿轮取负变位的方向移动，以此来满足齿轮工作的基本条件，可行区域的面积也随之减小。

1.2.2　双模数外啮合齿轮副节点后啮合的实现方法

外啮合节点后啮合的实现方法和节点前啮合相似，对于普通齿轮副要使得大齿轮节圆半径大于齿顶圆半径是有困难的，即使对齿轮进行很大的变位，依然很难满足要求。根据式（1-4），即实现节点外啮合条件和无侧隙啮合方程可得，满足外啮合节点后啮合的齿轮副，小齿轮需要采用较大的压力角，大齿轮则需要相对较小的压力角，这样才容易取得这一特殊啮合的齿轮副。在不改变传动系统的传动比，仅对中心距进行微调的情况下，选择齿顶高系数、压力角和变位系数为研究参数，分析这些参数对外啮合节点后啮合的影响，获得双模数外啮合节点后啮合齿轮参数的设计规律。以外啮合齿轮副为算例，齿轮参数见表 1-2，齿轮采用硬齿面，将齿顶厚的限制条件设定为大于 0.35 倍模数，重合度大于 1.2，且齿轮不发生根切和过渡曲线干涉等条件。

表 1-2　双模数外啮合节点后啮合齿轮参数

参数	数值	参数	数值	参数	数值
模数 m_1/mm	3.1105	齿数 z_1	35	z_1 压力角 α_1/(°)	25
模数 m_2/mm	3.0	齿数 z_2	61	z_2 压力角 α_2/(°)	20

分析齿顶高系数、压力角对节点外啮合的影响，即分析齿轮副各个参数下变位系数的可行区域，这样在设计外啮合节点后啮合齿轮副时，就能比较容易地在可行区域中得出满足条件的齿轮副参数。

1. 齿顶高系数对双模数外啮合齿轮副节点后啮合的影响

齿顶圆半径 r_{a2}、节圆半径 r_1' 和 r_2' 的表达式如下：

$$\begin{cases} r_{a2} = \dfrac{1}{2}m_2 z_2 + (h_{a2}^* + x_2 - \Delta y_2)m_2 \\ \\ r_1' = \dfrac{1}{2}m_2 \cos\alpha_2 z_2 / \cos\alpha' \\ \\ r_2' - r_{a2} \geqslant 0 \end{cases} \tag{1-11}$$

式中，m_2 是大齿轮模数（mm）；z_2 是大齿轮齿数；α_2 是大齿轮分度圆压力角（°）；α' 是实际啮合角（°）；x_2 是大齿轮变位系数；h_{a2}^* 是大齿轮齿顶高系数；Δy_2 是大齿轮齿顶高变动系数。

通过化简式（1-11）可以得出满足节点外啮合时，齿顶高系数的条件：

$$h_{a2}^* \leqslant \frac{1}{2}z_2\left(\frac{\cos\alpha_2}{\cos\alpha'} - 1\right) - x_2 + \Delta y_2 \qquad (1\text{-}12)$$

由式（1-12）可以看出，大齿轮齿顶高系数越小越有利于实现节点后啮合，而齿顶高系数的减小会带来重合度的变小。所以需要比较不同齿顶高系数下变位系数的可行区域。首先取齿顶高系数 $h_a^* = 0.8$ 和 1，其他参数见表 1-2，满足齿顶厚大于 0.35 倍模数，重合度大于 1.2 等条件，以保证齿轮正常工作，得出两个齿轮的齿顶高系数为 0.8 时双模数外啮合齿轮副节点后啮合的可行区域影响，如图 1-6 所示。

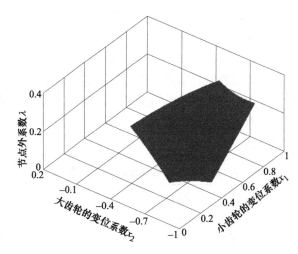

图 1-6　齿顶高系数为 0.8 时双模数外啮合齿轮副节点后啮合的可行区域影响

由图 1-6 可知，$h_a^* = 0.8$ 时，可以较容易实现外啮合节点后啮合，可行区域较大，根据得出的可行区域，可以比较容易选择出满足节点外啮合的齿轮副参数。

$h_a^* = 1$ 时，在分析的参数下没有满足条件的齿轮副存在，这与上述分析的结果一致。这也不能说明，在 $h_a^* = 1$ 时不存在外啮合节点后啮合，在继续增大齿数和模数时是可以得出满足条件的齿轮副的，但是其可行区域以及节点外系数都比较小。

下面分析 $h_a^* = 1$ 时，难以得出外啮合齿轮副节点后啮合的原因。对于节点外啮合齿轮副两个轮齿都进行了比较大的变位，但是变位系数的和却很小，所以总的变位系数对重合度的影响较小。对于正变位，齿顶厚会减小，应当首先检验齿顶高系数对齿顶厚的影响，根据齿顶厚的公式可以得出，齿顶厚和变位系数、模数、齿数、齿顶高系数有关，模数和齿数由齿轮体积的大小决定，一般不会对其进行修改。根据节点后啮合的特点，取小齿轮的变位系数分别为 0 和-0.1，得出不同齿顶高系数下大齿轮变位系数对齿顶厚的影响如图 1-7 所示。

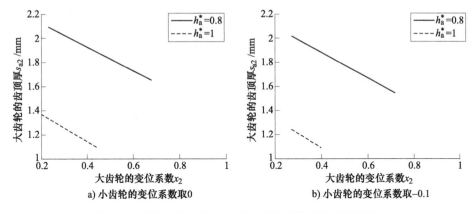

a) 小齿轮的变位系数取0   b) 小齿轮的变位系数取-0.1

图 1-7   不同齿顶高系数下大齿轮变位系数对齿顶厚的影响

由图 1-7 可知，$h_a^* = 1$ 时，在满足重合度、齿顶厚、无根切和干涉的条件下，齿轮的正变位系数最大能达到 0.45。随着小齿轮变位系数的减小，由图 1-7 可知，大齿轮正变位系数的变化范围在缩小，而对于齿顶高系数为 0.8 时，大齿轮的正变位系数可以达到 0.7，并且随着大齿轮的变位系数减小而齿顶厚增大。对于外啮合齿轮副的节点后啮合，大齿轮一般需要采用较大的负变位，这样齿顶高系数取 1 时就很难得出满足要求的齿轮副。

2. 压力角对双模数外啮合齿轮副节点后啮合的影响

双模数齿轮副是指两个齿轮具有不同的模数，根据式（1-8）得出两个齿轮也将具有不同的压力角，那么分析不同组合压力角对节点外可行区域的影响，对于外啮合节点后啮合齿轮副，采用大齿轮压力角保持不变，增加小齿轮压力角的方法，分别取 $\alpha_1 = 21°$、$23°$、$25°$、$28°$、$30°$。相对应的小齿轮的模数取 $m_1 = 3.0916$、3.0625、3.1105、3.1928、3.2552，得出不同压力角对双模数外啮合齿轮副节点后啮合可行区域的影响，如图 1-8 所示。

由图 1-8 可知，随着小齿轮压力角的增加，两个齿轮压力角的差值一直变大，齿轮副的节点外啮合可行区域呈现先增加后减小的趋势，由 $\alpha_1 = 20°$到 $\alpha_1 = 25°$这一范围内，可行区域随着小齿轮压力角的增大而增大。根据节点后啮合的定义可知，需要啮合角大于大齿轮的齿顶圆压力角，随着小齿轮压力角的不断增加，齿轮副的啮合角也随之增加。由节点外啮合的定义可知，实现节点外啮合应该更加的容易，所以可行域在不断地增大。在此过程中，小齿轮压力角的增加对齿顶厚和重合度的影响并不是很大，基本可以满足啮合条件。在 $\alpha_1 = 25°$时，节点外啮合可行区域达到最大，由 $\alpha_1 = 25°$到 $\alpha_1 = 30°$这一范围内，可行区域随着小

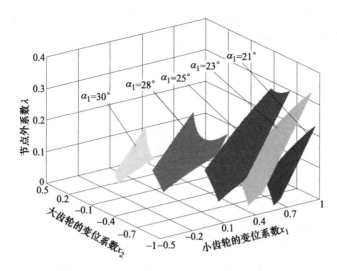

图 1-8　压力角对双模数外啮合齿轮副节点后啮合可行区域的影响

齿轮压力角的增大而减小。虽然随着小齿轮压力角的不断增加，齿轮副的啮合角也随之增加，但是随着压力角的增加，齿顶厚和重合度受到的影响变大，可行区域向着小齿轮取负变位的方向移动，以此来满足齿轮工作的基本条件，可行区域的面积也大幅减小。

综上所述，通过分析压力角对节点外啮合可行区域的影响可知，随着两个齿轮压力角差值的增大，可行区域先增加后减小，在两个压力角差值为5°左右时可行区域最大，在实现不同齿轮副的节点外啮合时，应该首先根据所需齿轮副的尺寸去选择模数和齿数，在此基础上，选择压力角、齿顶高系数以及变位系数。

1.3　双模数内啮合齿轮副节点外啮合的实现方法

同外啮合相似，对于内啮合齿轮副，两个齿轮在 $B_1(B_2)$ 点进入啮合，从 $B_2(B_1)$ 点退出啮合，则 B_1B_2 称作齿轮的实际啮合线，节点外啮合是指实际啮合线不经过节点 P。B_1B_2 在沿着啮合线的运动方向上处于节点 P 之前，称为节点前啮合齿轮副；B_1B_2 在沿着啮合线的运动方向上处于节点 P 之后，称为节点后啮合齿轮副。双模数内啮合齿轮副节点外啮合示意图如图 1-9 所示。

内啮合节点前的判定公式和外啮合节点前的判定公式相同，实现节点前啮合的条件为：

$$r_1' > r_{a1} \tag{1-13}$$

式中，r_{a1} 是小齿轮齿顶圆半径（mm）；r_1' 是小齿轮节圆半径（mm）。

将式（1-13）转化为相应的角度形式：

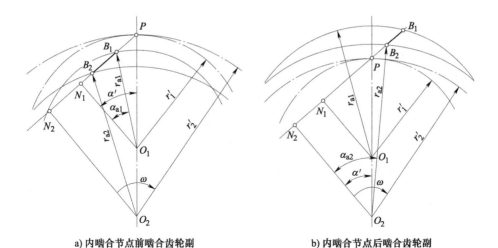

a) 内啮合节点前啮合齿轮副　　　　　　　b) 内啮合节点后啮合齿轮副

图 1-9　双模数内啮合齿轮副节点外啮合示意图

$$\alpha' > \alpha_{a1} \tag{1-14}$$

式中，α_{a1} 是小齿轮齿顶圆压力角（°）；α' 是啮合角（°）。

同理定义了节点外系数，内啮合节点前啮合的表达式为：

$$\lambda = \frac{r'_1 - r_{a1}}{m_1} \tag{1-15}$$

内啮合齿轮副节点后啮合的判定条件为：

$$r'_2 < r_{a2} \tag{1-16}$$

将式（1-16）转化为相应的角度形式：

$$\alpha' < \alpha_{a2} \tag{1-17}$$

式中，α_{a2} 是大齿轮齿顶圆压力角（°）；α 是齿轮啮合角（°）。

定义节点外系数，内啮合节点后啮合的表达式为：

$$\lambda = \frac{r_{a2} - r'_2}{m_2} \tag{1-18}$$

当一对渐开线齿轮在啮合传动时，要使其能正确啮合，应使处于啮合线上的各对齿能同时进入啮合，即中心距应满足无侧隙啮合和顶隙为标准值两方面的要求。要满足无侧隙啮合，在节圆处一个齿轮的齿厚和另一个齿轮的齿槽宽相等，即：

$$s'_1 = e'_2 \ \text{或} \ s'_2 = e'_1 \tag{1-19}$$

式中，s'_1、s'_2 和 e'_1、e'_2 分别是两个齿轮节圆上的齿厚和齿槽宽（mm）。

代入标准内啮合齿轮副无侧隙方程，可得双模数内啮合齿轮副的无侧隙啮合方程：

$$\text{inv}\alpha' = \frac{2(x_2\tan\alpha_2 - x_1\tan\alpha_1) + z_2\text{inv}\alpha_2 - z_1\text{inv}\alpha_1}{z_2 - z_1} \qquad (1\text{-}20)$$

内啮合节点外啮合同样需要对齿轮副进行比较大的变位，类比于外啮合可知，在等模数等压力角的条件下很难实现节点外啮合齿轮副的设计，根据式（1-20），双模数内啮合齿轮副就具有了理论上的可行性，还可以得出齿轮副的啮合角与两个齿轮压力角之间的关系。结合内啮合节点外啮合的判定条件，可以得出双模数齿轮副压力角的设计方案，采用增加大齿轮或减少小齿轮分度圆压力角的设计方法，可以比较容易实现内啮合节点前啮合，采用增加小齿轮压力角的设计方法，可以比较容易实现内啮合节点后啮合，为双模数内啮合节点外啮合齿轮副的设计指明了方向。

1.3.1 双模数内啮合齿轮副节点前啮合的实现方法

根据已有的分析，选择齿顶高系数、压力角和变位系数为研究参数，分析这些参数对内啮合节点外啮合的影响变化规律，获得双模数内啮合节点前啮合齿轮参数的设计规律。针对某一组内啮合齿轮副为算例，齿轮参数见表1-3，齿轮采用硬齿面，将齿顶厚的限制条件设定为大于0.35倍模数，且齿轮不发生根切和过渡曲线干涉。

表1-3　双模数内啮合节点前啮合齿轮参数

参数	数值	参数	数值	参数	数值
模数 m_1/mm	3.0	齿数 z_1	35	z_1压力角 α_1/(°)	20
模数 m_2/mm	3.1105	齿数 z_2	81	z_2压力角 α_2/(°)	25

分析齿顶高系数、压力角对节点外啮合的影响，即分析各个参数下变位系数的可行区域，这样在设计节点外啮合齿轮副时就可以在可行区域内寻找满足条件的齿轮副。

1. 齿顶高系数对双模数内啮合齿轮副节点前啮合的影响

内啮合节点前啮合的实现条件和外啮合节点前啮合一样，而且内啮合齿轮副主动轮（小齿轮）的齿顶圆半径计算公式和外啮合齿轮副的计算公式很相似，故可以得出，在满足节点外啮合时，齿顶高系数的条件如下：

$$h_{a1}^* \leq \frac{1}{2}z_1\left(\frac{\cos\alpha_1}{\cos\alpha'} - 1\right) - x_1 - \Delta y_1 \qquad (1\text{-}21)$$

式中，α_1 是小齿轮分度圆压力角（°）；α' 是实际啮合角（°）；x_1 是小齿轮变位系数；h_{a1}^* 是小齿轮齿顶高系数；Δy_1 是小齿轮齿顶高变动系数。

由式（1-21）可以得出，在齿顶高系数取值相对较小时容易实现节点外啮合，但是齿顶高系数变小会带来重合度的减小，所以需要综合分析齿顶高系数对选取齿轮副参数的影响。首先取齿顶高系数 $h_a^* = 0.8$ 和 1，其他参数见表 1-3，满足齿顶厚大于 0.35 倍模数，重合度大于 1.2，且齿轮不发生根切等条件，以保证齿轮正常工作，得出两个齿轮的齿顶高系数对双模数内啮合齿轮副节点前啮合可行区域的影响，如图 1-10 所示。

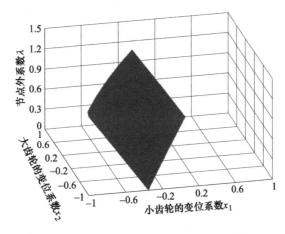

图 1-10　齿顶高系数对双模数内啮合齿轮副节点前啮合可行区域的影响

　　图 1-10 所示为齿顶高系数取 1 时，双模数内啮合节点前啮合的可行区域，节点外系数的取值较大，而且可行区域的面积较大，两个齿轮的变位系数也比较适中，参照上面的可行区域，可以比较方便地得出实现内啮合节点前啮合的齿轮副参数。

　　当齿顶高系数取 0.8 时，在上述的参数下没有得出满足条件的可行区域，这并不代表在齿顶高系数为 0.8 的情况下得不到满足节点外啮合的参数，当继续增大模数、齿数时，是可以得出相应的可行区域，但是其节点外系数和可行区域都比较小，而且两个齿轮需要取较大变位系数来满足这个特殊啮合状态。

　　下面将分析当齿顶高系数取 0.8 时，难以得出满足节点外啮合条件的原因，对于不同情况的齿轮副，各个参数对节点外啮合的影响是不一样的，对于外啮合齿轮副，在采用较大的变位系数之后，齿顶厚将很难满足正常工作的条件，通过对齿顶厚影响条件的分析可知，取齿顶高系数为 0.8 可以弥补齿顶厚变小。而对于双模数内啮合齿轮副，齿顶高系数取 0.8 时反而得不到可行区域，则应该是重合度不满足条件，其重合度计算式如下：

$$\varepsilon_\alpha = \frac{1}{2\pi}(z_1(\tan\alpha_{a1} - \tan\alpha') - z_2(\tan\alpha_{a2} - \tan\alpha'))\varepsilon_\alpha \tag{1-22}$$

　　对于内啮合齿轮副节点前啮合，要求满足 $\alpha' > \alpha_{a1}$，由重合度公式（1-22）可知，这样就使得重合度变小，齿顶高系数对于重合度的影响大于对齿顶厚的影响。小齿轮变位系数通常需要采用正变位，分别取为 0 和 0.2，在不同的齿顶高系数下，以表 1-3 中的参数为算例，分析重合度和小齿轮变位系数之间的关系，如图 1-11 所示。

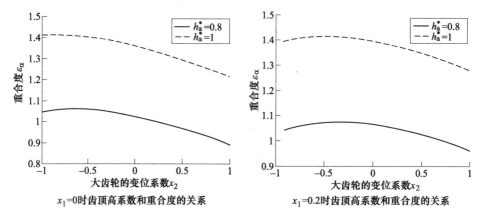

图 1-11　齿顶高系数对重合度的影响

对于双模数内啮合齿轮副节点前啮合，通过以上分析可以得出，总体上，随着变位系数的增加，重合度呈现减小的趋势，在齿顶高系数取 0.8 时，齿轮副的重合度很难达到 1.2，不满足一般齿轮副的传动要求，故得不出满足条件的节点外啮合齿轮副参数。

2. 压力角对双模数内啮合齿轮副节点前啮合的影响

双模数齿轮副的两个齿轮也具有不同的压力角，那么不同组合的压力角对应于不同的节点外啮合可行区域，分析压力角对内啮合节点前啮合可行区域的影响。采用保持小齿轮压力角不变，增加大齿轮压力角的方法，分别取 $\alpha_2 = 21°$、$23°$、$25°$、$28°$、$30°$，相对应大齿轮的模数取 $m_2 = 3.0916$、3.0625、3.1105、3.1928、3.2552。在满足齿轮副正常工作前提下，得出不同压力角对双模数内啮合齿轮副节点前啮合可行区域的影响，如图 1-12 所示。

由图 1-12 可知，内啮合相比于外啮合齿轮副所能实现的可行区域范围更广，节点外系数更大，可以达到 1.5 左右；随着大齿轮压力角的增加，两个齿轮压力角的差值一直变大，内啮合齿轮副的节点前啮合可行区域呈现先增加后减小的趋势，但是所能达到的节点前系数的最大值却在减小；由 $\alpha_2 = 20°$ 到 $\alpha_2 = 25°$ 这一范围内，可行区域随着大齿轮压力角的增大而增大。根据节点后啮合的定义可知，需要啮合角大于小齿轮齿顶圆的压力角，随着大齿轮压力角的不断增加，齿轮副的啮合角也随之增加。由节点外啮合的定义可知，节点外啮合实现起来应该更加的容易，所以可行区域在不断地增大，在此过程中，大齿轮压力角的增加对齿顶

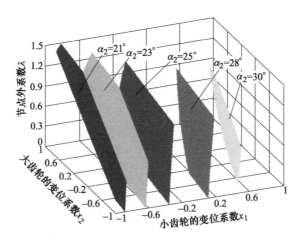

图 1-12　压力角对双模数内啮合齿轮副节点前啮合可行区域的影响

厚和重合度的影响并不是很大，基本可以满足啮合条件。在 $\alpha_2 = 25°$ 左右时，节点外啮合可行区域达到最大，由 $\alpha_2 = 25°$ 到 $\alpha_2 = 30°$ 这一范围内，可行区域随着大齿轮压力角的增大而减小。虽然随着大齿轮压力角的不断增加，齿轮副的啮合角也随之增加。由节点外啮合的定义可知，节点外啮合实现起来应该更加的容易。但是随着压力角的增加，齿顶厚和重合度受到的影响变大，所以齿轮在取较小的负变位系数就不能满足齿轮副的工作条件，可行区域向着小齿轮取正变位的方向移动，以此来满足齿轮工作的基本条件，可行区域的面积也大幅减小。总体来说，当两个齿轮的压力角相差在 5° 左右时，比较容易实现节点外啮合。

1.3.2　双模数内啮合齿轮副节点后啮合的实现方法

根据已有的分析，选择齿顶高系数、压力角和变位系数为研究参数，分析这些参数对内啮合节点外啮合的影响变化规律，获得双模数内啮合节点后啮合齿轮参数的设计规律。针对某一组内啮合齿轮副为算例，齿轮参数见表 1-4，齿轮采用硬齿面，将齿顶厚的限制条件假定为大于 0.35 倍模数，且齿轮不发生根切和过渡曲线干涉。

表 1-4　双模数内啮合节点后啮合齿轮参数

参数	数值	参数	数值	参数	数值
模数 m_1/mm	3.1105	齿数 z_1	35	z_1压力角 α_1/(°)	25
模数 m_2/mm	3.0	齿数 z_2	81	z_2压力角 α_2/(°)	20

分析齿顶高系数、压力角对节点外啮合的影响，即分析各个参数下变位系数的可行区域，这样在设计节点外啮合齿轮副时就可以在可行区域内寻找满足条件

的齿轮副参数。

1. 齿顶高系数对内啮合齿轮副节点后啮合的影响

内啮合节点后啮合的实现条件和第二节中所述外啮合状态下的节点后啮合有区别，要求内齿圈的齿顶圆半径大于其节圆半径，则齿顶高系数需要满足的条件如下式：

$$h_{a2}^* \geqslant \frac{1}{2}z_2\left(\frac{\cos\alpha_2}{\cos\alpha'}-1\right)+x_2-\Delta y_2 \tag{1-23}$$

式中，α_2 是大齿轮分度圆压力角（°）；α' 是实际啮合角（°）；x_2 是大齿轮变位系数；h_{a2}^* 是大齿轮齿顶高系数；Δy_2 是大齿轮齿顶高变动系数。

由式（1-23）可知，齿顶高系数较大时，容易实现内啮合齿轮副的节点后啮合，首先取齿顶高系数 $h_a^*=0.8$ 和 1，其他参数见表 1-4，满足齿顶厚大于 0.35 倍模数，重合度大于 1.2，且齿轮不发生根切等条件，以保证齿轮的正常工作，得出两个齿轮的齿顶高系数对双模数内啮合齿轮副节点后啮合可行区域的影响，如图 1-13 所示。

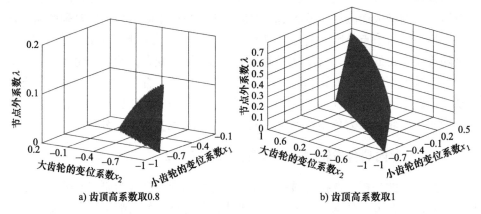

a) 齿顶高系数取0.8　　　　b) 齿顶高系数取1

图 1-13　齿顶高系数对双模数内啮合齿轮副节点后啮合可行区域的影响

由图 1-13 可知，齿顶高系数取 0.8 时，节点外啮合的可行区域较小，节点外系数的最大值也较小，而且两个齿轮的变位系数比较大，对齿轮副的强度有不利的影响。齿顶高系数取 1 时，可行区域较大，变位系数也可以取到较小的值，在可行区域内，可以比较容易找到满足节点外啮合的齿轮副参数。

分析齿顶高系数取 0.8 时，难以得出满足节点外啮合条件的原因，随着齿顶高系数的增加，齿顶厚会变小，而重合度将增加，下面将分析齿顶高系数对重合度的影响。

由图 1-14 可知，齿顶高系数对重合度的影响较大，齿顶高系数取 0.8 时，很难满足齿轮副重合度的要求，故得出节点后啮合可行区域较小。

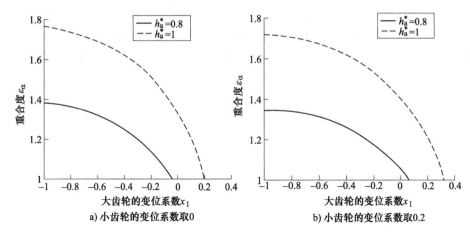

a) 小齿轮的变位系数取0   b) 小齿轮的变位系数取0.2

图 1-14 齿顶高系数对重合度的影响

2. 压力角对双模数内啮合齿轮副节点后啮合的影响

双模数齿轮副两个齿轮具有不同的压力角，分析不同组合压力角对节点外啮合可行区域的影响，对于内啮合齿轮副的节点后啮合，采用保持大齿轮压力角不变，增加小轮压力角的方法，分别取 $\alpha_1=21°$、$23°$、$25°$、$28°$、$30°$。相对应的小齿轮模数取 $m_1=(3.0916、3.06253、3.1105、3.1928、3.2552)$ mm。在满足齿轮副正常工作前提下，得出不同压力角对内啮合齿轮副节点后啮合可行区域的影响，如图 1-15 所示。

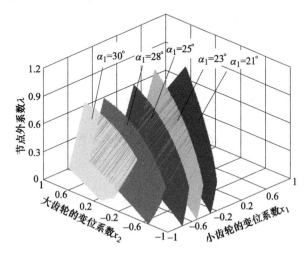

图 1-15 压力角对双模数内啮合齿轮副节点后啮合可行区域的影响

17

由图 1-15 可知，随着压力角的增加，小齿轮的变位系数向着负变位方向移动，而大齿轮的变位系数向着正变位移动。随着压力角的增加，节点外啮合的可行区域先缓慢变大再减小，小齿轮压力角的增加，会减小重合度，同时齿顶厚也将变小，小齿轮向负变位移动，增加小齿轮齿顶厚，而大齿轮正变位移动，以此来满足重合度的要求。两个齿轮压力角差值的变大对于内啮合节点后啮合的可行区域影响较小，这样在设计内啮合节点后啮合齿轮副时，选择压力角的空间更大，也更加容易实现节点外啮合。

1.4　节点外啮合行星齿轮传动系统的实现方法

1.4.1　NGW 型行星齿轮传动系统配齿条件

行星齿轮传动系统配齿条件是指，系统在合理安装且能够实现给定功能的前提下，各齿轮齿数所需满足的条件，其中包括传动比条件、同心条件、邻接条件和安装条件。图 1-16 为 NGW 型行星齿轮传动系统示意图。

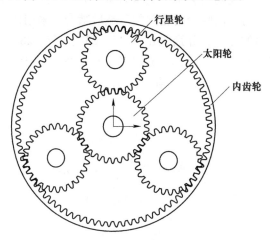

图 1-16　NGW 行星齿轮传动系统示意图

1. 传动比条件

系统齿数的选择首先必须保证系统能够实现要求的传动比，在 NGW 型行星齿轮传动系统中，各齿轮齿数的选择必须确保系统实现所给定的传动比。NGW 型行星轮系中，太阳轮为系统的输入端，行星架为系统的输出端，其传动比 i_p 为：

$$i_p = 1 + \frac{z_r}{z_s} \tag{1-24}$$

式中，i_p 是给定的行星轮系传动比；z_r 是内齿轮的齿数；z_s 是太阳轮的齿数。

根据式（1-24）可得太阳轮齿数与内齿轮齿数的关系：

$$z_r/z_s = i_p - 1 \tag{1-25}$$

2. 同心条件

同心条件是指 NGW 型行星齿轮传动系统中，内啮合齿轮副和外啮合齿轮副的实际中心距必须相等，即三个基本构件（太阳轮、内齿轮和行星架）的轴线必须重合，表达式如下：

$$r'_r - r'_p = r''_p + r'_s \tag{1-26}$$

式中，r'_r 是内齿轮节圆半径（mm）；r'_p 是内啮合行星轮节圆半径（mm）；r''_p 是外啮合行星轮节圆半径（mm）；r'_s 是太阳轮节圆半径（mm）。

根据以上分析可得，各齿轮节圆半径表达式为：

$$\begin{cases} r'_r = \dfrac{z_r m_r \cos\alpha_r}{2\cos\alpha_{pr}} \\[2mm] r''_p = \dfrac{z_p m_p \cos\alpha_p}{2\cos\alpha_{sp}} \\[2mm] r'_p = \dfrac{z_p m_p \cos\alpha_p}{2\cos\alpha_{pr}} \\[2mm] r'_s = \dfrac{z_s m_s \cos\alpha_s}{2\cos\alpha_{sp}} \end{cases} \tag{1-27}$$

式中，α_r 是内齿轮压力角（°）；α_p 是行星轮压力角（°）；α_s 是太阳轮压力角（°）；m_s、m_p、m_r 分别是太阳轮、行星轮和内齿轮模数（mm）；α_{pr} 是内啮合副啮合角（°）；α_{sp} 是外啮合副啮合角（°）。

NGW 型行星轮系中行星轮与内齿轮的模数和压力角设计成互不相等的节点外啮合形式，内、外啮合副啮合角计算公式由无侧隙啮合条件推导得到，表达式为：

$$\begin{cases} \text{inv}\alpha_{sp} = \dfrac{2(x_p\tan\alpha_p + x_s\tan\alpha_s) + z_p(\tan\alpha_p - \alpha_p) + z_s(\tan\alpha_s - \alpha_s)}{z_p + z_s} \\[3mm] \text{inv}\alpha_{pr} = \dfrac{2(x_r\tan\alpha_r - x_p\tan\alpha_p) + z_r(\tan\alpha_r - \alpha_r) + z_p(\tan\alpha_p - \alpha_p)}{z_r + z_p} \end{cases} \tag{1-28}$$

式中，x_s、x_p 和 x_r 分别是太阳轮、行星轮和内齿轮的变位系数。

根据非等模数齿轮正确啮合条件

$$m_s\cos\alpha_s = m_p\cos\alpha_p = m_r\cos\alpha_r \tag{1-29}$$

NGW 型行星齿轮传动的同心条件表达式可转化为如下形式：

$$\frac{z_r - z_p}{\cos\alpha_{pr}} = \frac{z_s + z_p}{\cos\alpha_{sp}} \qquad (1\text{-}30)$$

3. 安装条件

所谓安装条件是指，安装在行星架上的 n 个行星轮均匀地分布在太阳轮与内齿轮之间时，太阳轮、行星轮和内齿轮的齿数应该满足的条件。如果行星齿轮传动系统中，只有一个行星齿轮，那么系统只有满足同心条件就可以保证安装。但一般行星齿轮传动系统都采用几个行星轮，并且为了消除系统啮合时的径向力，要求几个行星轮在太阳轮与内齿轮之间均匀分布，而且每个行星轮能同时与太阳轮和内齿轮相啮合。行星轮安装分析示意图如图 1-17 所示。

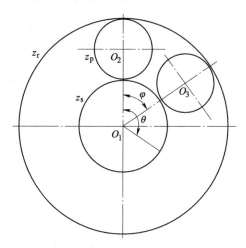

图 1-17 行星轮安装分析示意图

相邻两个行星轮之间的相隔角度为：

$$\varphi = 360/n \qquad (1\text{-}31)$$

在装入第一个行星轮之后，需保证在相隔 φ 处装入第二个行星轮，假设转动太阳轮，使第一个行星轮转动到与起始位置相隔 φ 处。这时，太阳轮转过的角度为 θ，根据传动比公式可得：

$$\theta/\varphi = \omega_s/\omega_H = i_p = z_r/z_s + 1 \qquad (1\text{-}32)$$

式中，ω_s 是太阳轮角速度（rad/s）；ω_H 是行星架角速度（rad/s）。

若此时太阳轮恰好转过整数个轮齿，则

$$\theta = 360N/z_s \qquad (1\text{-}33)$$

式中，N 是任意整数。

将式（1-31）和式（1-33）代入式（1-32）可得行星轮系安装条件的表达式：

$$(z_\mathrm{s} + z_\mathrm{r})/n = N \tag{1-34}$$

由式（1-34）可知，为保证各行星轮能正确安装，太阳轮齿数与内齿轮齿数之和应是行星轮齿数的整数倍，这就是 NGW 型行星齿轮传动系统的安装条件。

4. 邻接条件

行星齿轮传动系统设计时，出于功率分流的考虑，系统采用多个行星轮的设计，但是行星轮个数过多会造成相邻行星轮之间的干涉，为了保证两相邻行星轮之间运转时不发生相互干涉和碰撞，需保证两相邻行星轮中心距大于两者齿顶圆半径之和，表达式如下：

$$2(r_\mathrm{p}'' + r_\mathrm{s}')\sin(180/n) > 2(r_\mathrm{p} + h_\mathrm{ap}^* m_\mathrm{p} + x_\mathrm{p} m_\mathrm{p} - \Delta y_\mathrm{p} m_\mathrm{p}) \tag{1-35}$$

式中，r_p 是行星轮分度圆半径（mm）；h_ap^* 是行星轮齿顶高系数；x_p 是行星轮变位系数；Δy_p 是外啮合行星轮齿顶高变动系数。

将式（1-27）代入式（1-35），可得行星轮系邻接条件的表达式：

$$\frac{(z_\mathrm{p} + z_\mathrm{s})\cos\alpha_\mathrm{p}\sin(180/n)}{\cos\alpha''} > z_\mathrm{p} + 2(h_\mathrm{ap}^* + x_\mathrm{p} - \Delta y_\mathrm{p}) \tag{1-36}$$

邻接条件与行星轮个数 n 有关，行星轮个数的取值应受系统承载能力的限制，而且行星轮个数的选取还应考虑到系统结构尺寸和制造条件等因素。

1.4.2　节点外啮合行星齿轮传动系统配齿计算

行星齿轮传动系统的配齿计算是根据给定的传动比 i_p 来确定系统各齿轮齿数的，行星齿轮传动的特性参数 p 的表达式为：

$$p = \frac{z_\mathrm{r}}{z_\mathrm{s}} = i_\mathrm{p} - 1 \tag{1-37}$$

式中，i_p 是给定的行星齿轮系统传动比。

特性参数 p 与给定的行星齿轮系统传动比 i_p 有关，如果 p 值取值过大，会导致内齿轮齿数过大或太阳轮齿数过小，因此必须合理选取 p 值。通常情况下，内齿轮的尺寸受到减速器总体尺寸的限制，为了防止减速器外形尺寸过大，内齿轮齿数不能取的很大，而太阳轮尺寸的选取应考虑到其齿数受到最少齿数的限制，以及连接太阳轮的齿轮轴直径不能太小，所以太阳轮齿数不能过小。另外，p 值接近于 1 也是不允许的，因为这样会使得行星轮的尺寸过小，一般取 $p = 2 \sim 8$。

需要指出的是，在对内齿轮齿数进行圆整后，此时系统的实际 p 值与给定的 p 值会有一定的差别，但是必须控制系统给定传动比 i_p 与实际传动比 i 在一定的误差范围之内。

通过式（1-37）可将内齿轮齿数用太阳轮齿数表示成如下形式：

$$z_\mathrm{r} = p z_\mathrm{s} = (i_\mathrm{p} - 1)z_\mathrm{s} \tag{1-38}$$

若内、外啮合齿轮副啮合角相等，即行星齿轮系统为标准齿轮传动或等变位传动时，根据同心条件可将行星轮齿数用太阳轮齿数表示成如下形式：

$$z_p = \frac{z_r - z_s}{2} = \frac{i_p - 2}{2}z_s \qquad (1\text{-}39)$$

当系统采用角度变位传动时，则需要对行星轮的齿数进行修正：当（z_r-z_s）为偶数时，行星轮实际齿数在按式（1-39）计算所得结果上减去1，这样不仅可以控制行星齿轮传动系统的径向尺寸，还可以改善系统外啮合齿轮副的传动性能；当（z_r-z_s）为奇数时，行星轮实际齿数在按式（1-39）计算所得结果上加上或减去0.5，这样就能增加系统可能的配齿方案。

再根据系统安装条件可将式（2-33）中任意整数 N 也用太阳轮齿数表示成如下形式：

$$N = \frac{i_p}{n}z_s \qquad (1\text{-}40)$$

根据式（1-38）~式（1-40）可得系统各齿轮齿数之间的关系式：

$$z_s : z_p : z_r : N = z_s : \frac{i_p - 2}{2}z_s : (i_p - 1)z_s : \frac{i_p}{n}z_s \qquad (1\text{-}41)$$

式中，各齿轮齿数均应为正整数，其传动比用分数式表示。对于非等变位齿轮传动，一般可先按以上配齿公式进行配齿计算，再将行星轮齿数进行修正，然后进行非等变位的参数计算。最后，根据式（1-38）的邻接条件对行星轮的位置进行校核。

由式（1-41）可知，当给定了系统的传动比和行星轮个数后，内齿轮齿数和行星轮齿数均取决于太阳轮齿数。

对于 NGW 型行星齿轮传动系统，当特性参数 p 大于 3 时，最少齿数的齿轮是太阳轮；而当特性参数 p 小于或等于 3 时，最少齿数的齿轮是行星轮。

根据以上的配齿公式，可以得到太阳轮齿数和内齿轮齿数，在此基础上可以得到行星轮的齿数，这是对于普通行星齿轮传动系统而言的。对于节点外啮合行星齿轮传动系统，行星轮齿数的选取还应考虑到是否有利于实现节点外啮合传动。

根据式（1-1）可知，外啮合节点前啮合传动的判定条件是小齿轮节圆半径大于小齿轮齿顶圆半径，在行星齿轮传动系统中若要太阳轮与行星轮实现节点前啮合传动，则太阳轮节圆半径应大于太阳轮齿顶圆半径。当行星齿轮系统的其他参数都确定不变时，适当减小行星轮齿数，在中心距不变的情况下，太阳轮节圆半径增大，有利于外啮合齿轮副实现节点前啮合传动。

根据式（1-16）可知，内啮合节点后啮合传动的判定条件是大齿轮节圆半径小于大齿轮齿顶圆半径，在行星齿轮传动系统中若要行星轮与内齿轮实现节点后啮合传动，则内齿轮节圆半径应小于内齿轮齿顶圆半径。当行星齿轮系统的其他参数都确定不变时，适当减小行星轮齿数，在中心距不变的情况下，内齿轮节圆半径减小，这有利于内啮合齿轮副实现节点后啮合传动。

1.4.3　节点外啮合行星齿轮传动系统变位方式的选择

在行星齿轮传动系统中，采用变位齿轮传动，不仅可以调整中心距，避免根切，还可以提高系统的承载能力，改善系统的传动性能。变位齿轮传动的形式包括等变位齿轮传动、正传动和负传动等。

1. 等变位齿轮传动

行星齿轮系统内、外啮合副都采用等变位齿轮传动时，若太阳轮为正变位，则行星轮为负变位，内齿轮也为负变位；若太阳轮采用负变位，则行星轮和内齿轮均采用正变位，且三者的变位量绝对值相等。

采用等变位齿轮传动可以在一定程度上改善行星传动系统的性能：减小系统的径向尺寸，避免根切，还可以提高齿轮副的承载能力，改善磨损情况。但是有一定的局限性，为了充分发挥行星传动系统的特点，正、负传动在行星齿轮传动系统中的应用更为广泛。因为在行星齿轮传动中，采用正传动和负传动不仅可以使传动系统获得更小的尺寸和质量，而且，可以通过内啮合齿轮副和外啮合齿轮副采用不同啮合角的设计，使得标准的同心条件不必遵守。

2. 内、外啮合副啮合角相等的正传动

正传动不仅具有等变位齿轮传动的优点，还可以凑合中心距，当外啮合齿轮副采用较大变位系数的正传动时，内齿轮的变位系数会显著增大，从而使内齿轮的弯曲强度降低。因此，内、外啮合副啮合角相等的正传动的总变位系数值不能太大。

3. 内、外啮合副啮合角不等的正（负）传动

对于行星齿轮传动系统，一般情况下外啮合齿轮副的接触强度都低于内啮合齿轮副，因此，对于直齿行星齿轮传动，外啮合齿轮副采用大啮合角的正传动，而内啮合齿轮副采用啮合角在20°左右的正传动或负传动更为合理，从这一角度来看，内啮合节点后啮合传动比内啮合节点前啮合传动更为合理。

内、外啮合副啮合角不等的正（负）传动方式，是在太阳轮和内齿轮的齿数不变的前提下，将行星轮的齿数增加或减少1~2个，并同时满足同心条件来实现的。即根据配齿公式确定行星轮齿数后，再将其增加或减少一定值，使外啮合副啮合角增大。采用这种传动方式可以最大限度地提高受外啮合副接触强度限

制的 NGW 型行星传动系统的承载能力，同时又可以避免内齿轮变位系数过大而降低其弯曲强度，并且有利于齿轮副实现节点外啮合传动。

行星齿轮传动系统中一个较为特殊的情况是，行星轮不仅与太阳轮组成外啮合传动，还与内齿轮组成内啮合传动，这导致行星轮的参数需要同时满足两个齿轮啮合副的计算要求。

本章小结

本章根据节点外啮合的特点，分析节点外啮合判定条件和节点外系数的影响因素，通过对齿轮副进行较大的变位可以得到节点外啮合齿轮副，但是要保证齿轮副的正常运行，还需要满足重合度、齿顶厚、齿轮齿廓无干涉等条件，这样对于等模数的齿轮就存在较大的困难，所以引入双模数的概念。根据无侧隙啮合方程和节点外啮合的判定条件，得出增加大齿轮分度圆的压力角，有利于满足内啮合与外啮合齿轮副节点前啮合的条件；增加小齿轮分度圆的压力角，有利于满足外啮合与内啮合齿轮副节点后啮合的条件。

利用控制变量法，根据选定的齿轮副，在满足齿顶厚、重合度和无干涉等条件下，分析小齿轮和大齿轮变位系数对节点外系数取值的影响，为设计节点外啮合齿轮副提供了一个设计的基础，通过三维图可以直观得出在不同变位系数下的节点外啮合系数。由分析得出，对于外啮合齿轮副，齿顶高系数取 0.8 时，容易实现节点外啮合，节点外系数的可行区域随着两齿轮分度圆压力角差值的增加呈现先增加后减小的趋势，差值在 5° 左右时，节点外系数和可行区域都达到最大值。对于内啮合齿轮副，齿顶高系数取 1 时更加容易实现节点外啮合，而对于两齿轮的分度圆压力角，差值在 5° 左右时，节点外系数和可行区域都达到最大值。

通过对节点外啮合齿轮传动的判定条件和节点外系数的研究，分析了节点外啮合齿轮的啮合特性；通过实例计算，证明了在采用分度圆压力角不相等的设计时，增大大齿轮分度圆的压力角，有利于实现外啮合节点前啮合传动；增大小齿轮分度圆的压力角，有利于实现外啮合节点后啮合传动；增大大齿轮分度圆的压力角或减小小齿轮分度圆的压力角，有利于实现内啮合节点前啮合传动；增大小齿轮分度圆压力角，有利于实现内啮合节点后啮合传动。

分析了齿轮齿数、分度圆压力角和齿顶高系数对节点外啮合变位系数可行区域的影响。得出了在外啮合齿轮传动中，增大传动比和减小齿顶高系数有利于实现节点外啮合；在内啮合齿轮传动中，减小传动比和减小齿顶高系数有利于实现节点外啮合。

根据行星齿轮传动系统传动比条件、邻接条件、同心条件和安装条件，结合节点外啮合齿轮副的特点，介绍了节点外啮合行星齿轮系统的配齿计算方法以及变位方式的选择。在满足装配关系的情况下，适当减小行星轮齿数，有利于外啮合齿轮副实现节点前啮合传动，也有利于内啮合齿轮副实现节点后啮合传动，为实现节点外啮合行星齿轮传动系统的设计提供了参考。

第 2 章

双模数节点外啮合行星齿轮
传动系统优化设计方法

2.1 引言

齿轮传动中，节点为两个齿轮节圆的切点，节点外啮合齿轮传动时，实际啮合线不经过节点，即节点不在实际啮合线上。普通齿轮在啮合过程中，可分为节点前啮合（啮合点在节点之前）与节点后啮合（啮合点在节点之后）两个阶段。对于主动轮而言，在节点前啮合时，齿轮齿根为工作面，齿面摩擦力方向垂直于实际啮合线指向齿根；而在节点后啮合时，齿轮齿顶为工作面，齿面摩擦力方向垂直于实际啮合线指向齿顶；齿面摩擦力方向从节点改变方向。对于从动轮而言，情况正好相反。所以齿轮在运转过程中，摩擦力方向在啮合点经过节点时发生改变，这便使得齿轮振动多了一个激励因素。

采用节点外啮合传动，可使实际啮合线段位于节点的一侧，避免了啮合过程中由于齿面摩擦力换向引起的振动，可以改善齿轮副的振动特性，目前已用于航空齿轮传动系统中。节点外啮合行星齿轮传动系统的优化设计是通过最优化算法使得设计参数在满足各约束条件的前提下，使目标函数趋于最优。根据节点外啮合行星齿轮传动系统的内啮合齿轮副采用非等模数非等压力角设计的这一特点确定系统的设计参数，考虑单个齿轮、齿轮副和行星齿轮系的约束条件，并以质量最轻为目标函数对节点外啮合行星齿轮传动系统进行优化设计，从而得到系统的几何参数，为节点外啮合行星齿轮传动系统的设计提供一定的参考。

最优化设计问题包括两个方面的内容：一是根据设计问题的物理模型建立相对应的数学模型；二是采用适当的最优化方法求解数学模型。

2.2 节点外啮合行星齿轮传动系统优化设计数学模型的建立

建立节点外啮合行星齿轮传动系统的数学模型时需要合理选取设计变量，列出目标函数，给出相应的约束条件，是解决优化设计问题的关键。因此正确地选择设计变量，合理选取目标函数，灵活建立约束条件，并将这三者结合成一组能够准确反映设计优化问题的数学表达式就显得尤为重要。

2.2.1　系统优化设计变量的选择

优化设计变量是影响优化设计结果的可变参数，在选取设计变量时，为了防止优化过程过于繁琐，应对影响设计结果的参数先进行一定的分析，从中选取对设计结果影响较为明显的参数作为系统的设计变量。当优化设计数学模型中设计变量过多时，会使优化设计问题变得十分复杂，不利于模型的求解；而当优化设计数学模型中设计变量太少时，很有可能无法取得最优化设计结果，因此需要合理地选取优化设计数学模型的设计变量。

节点外啮合行星齿轮传动系统作为一种特殊的行星齿轮传动系统，在普通行星齿轮传动的基础上，将内啮合齿轮副设计成非等模数非等压力角的形式，使内啮合齿轮副实现节点外啮合。

一对渐开线圆柱齿轮的设计变量通常有：齿数 z_1、z_2，模数 m，变位系数 x_1、x_2，齿宽 b，螺旋角 β 等。本书研究的行星齿轮传动系统设计中，螺旋角取为 0；由于采用非等模数非等压力角设计，太阳轮、行星轮、内齿轮的模数 m_s、m_p 和 m_r 作为独立设计变量；若给定的行星齿轮系统传动比 i_p，由太阳轮齿数 z_s 可得到内齿轮齿数 $z_r = (i_p - 1)z_s$，因为内、外啮合副啮合角采用不相等的设计，已知太阳轮齿数 z_s 和内齿轮齿数 z_r 的前提下，根据同心条件无法求得行星轮齿数 z_p，因此取太阳轮齿数 z_s 和行星轮齿数 z_p 为独立的设计变量；根据齿轮副正确啮合条件，在已知其中一个齿轮压力角的前提下，求得另外两个齿轮的压力角，故仅取太阳轮压力角 α_s 为设计变量；为满足节点外啮合条件，需改变齿顶高系数并采用变位齿轮设计，故太阳轮齿顶高系数 h_{as}^* 和各齿轮变位系数 x_s、x_p 和 x_r 都作为设计变量，下标 s、p 和 r 分别表示太阳轮、行星轮和内齿轮，则优化设计变量的列向量表达式为：

$$
\begin{aligned}
X &= \left[x_1, x_2, x_3, x_4, x_5, x_6, x_7, x_8, x_9, x_{10} \right]^\mathrm{T} \\
&= \left[m_s, m_r, z_s, z_p, \alpha_s, h_{as}^*, x_s, x_p, x_r, b \right]^\mathrm{T}
\end{aligned}
\tag{2-1}
$$

2.2.2　系统目标函数的选择

目标函数是用设计变量表示的最优化目标的表达式，在优化设计中将设计目标用设计变量的函数形式表达出来，即所谓的建立系统目标函数。

齿轮传动系统的优化设计，根据不同的应用场合和工作状况，系统所要求达到的状况有所不同，可以针对其中某个侧重点对系统进行优化设计。例如，对于系统的动态特性有较高的要求时，则应对系统的动力学参数建立目标函数。当优化设计所追求的目标不止一个时，可以取其中最主要的一个作为目标函数，其余的则作为约束条件；系统也可以有多个目标函数，此时就需要采用多目标函数的优化方法求解。

目标函数的选择对于系统的优化也至关重要，航空用行星齿轮传动系统要求布置紧凑、结构尺寸小、总体质量轻，故以系统的总体质量作为目标函数，对于输入功率、输入轴转速和传动比给定的行星齿轮传动系统的设计，出于减轻行星齿轮传动系统质量的目的，通常选择系统质量最轻为目标函数。

NGW 型行星齿轮传动系统中太阳轮采用轴齿轮的形式，这样的形式不仅可以消除构件之间联接引起的误差，还可以增加太阳轮的强度。而行星轮则采用腹板式结构形式，通过合理选择腹板式结构，可使行星轮在保证强度的前提下，使得传动系统更加紧凑，同时也减轻传动系统的整体质量。航空领域所用的行星齿轮传动系统要求布置紧凑、结构尺寸小、总体质量轻，故确定行星齿轮传动系统的总体质量作为目标函数 $f(x)$，其表达式为：

$$f(x) = M_s + n_p M_p + M_r \tag{2-2}$$

式中，M_s 是太阳轮的质量（kg）；M_p 是行星轮的质量（kg）；M_r 是内齿轮的质量（kg）；n_p 是行星轮个数。

太阳轮采用齿轮轴形式，质量表达式为：

$$M_s = \rho_s V_s = \pi \rho_s b_s \left[\frac{m_s(z_s + x_s)}{2} \right]^2 \tag{2-3}$$

式中，ρ_s 是太阳轮材料的密度（kg/mm³）；V_s 是太阳轮的体积（mm³）；b_s 是太阳轮的齿宽（mm）。

行星轮采用腹板式结构，其结构如图 2-1 所示。

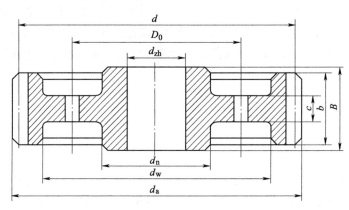

图 2-1 腹板式行星轮的结构示意图

行星齿的轮毂长度为：　　　　　　$B = 1.2b$

行星齿的分度圆直径为：　　　　　$d_2 = mz_2$

行星轮的外缘内径为：　　　　　　$d_{w2} = mz_2 - 8m$

28

行星轮的毂外径为：　　　　　$d_{n2} = 1.6 d_{zh2}$

行星轮的腹板孔位置直径为：　$D_0 = 0.5(d_{w2} + d_{n2})$

行星轮的质量表达式为：

$$M_p = \rho_p V_p$$
$$= \pi \rho_p b_p \left\{ \left[\frac{m_p(z_p + x_p)}{2} \right]^2 - \left(\frac{d_{wp}}{2} \right)^2 \right\} + \pi b_p \left[0.3 \left(\frac{d_{wp}^2}{4} - \frac{d_{np}^2}{4} \right) + 1.2 \left(\frac{d_{np}^2}{4} - \frac{d_{zhp}^2}{4} \right) \right]$$

$$(2-4)$$

式中，ρ_p 是行星轮材料的密度（kg/mm³）；V_p 是行星轮的体积（mm³）；b_p 是行星轮的齿宽（mm）；d_{wp}、d_{np}、d_{zhp} 分别是行星轮的外缘内径、轮毂外径和齿轮轴直径（mm）。

内齿轮采用齿圈结构，其结构如图 2-2 所示。

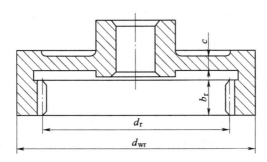

图 2-2　内齿轮的几何结构

内齿轮固定，其质量估算表达式为：

$$M_r = \rho_r V_r = \pi \rho_r (b_r + c + 8) \left(\frac{d_{wr}}{2} \right)^2 - \pi (b_r + 8) \left(\frac{d_r}{2} \right)^2 \qquad (2-5)$$

式中，ρ_r 是内齿轮材料的密度（kg/mm³）；V_r 是内齿轮的体积（mm³）；b_r 是内齿轮的齿宽（mm）；d_{wr} 是内齿轮的外缘内径（mm）；d_r 是内齿轮的齿顶圆直径（mm）。

2.2.3　系统的约束条件

目标函数取决于设计变量的取值，而设计变量的取值并非随心所欲，在实际优化问题中，设计变量的取值必须满足一定的条件，这种限制条件称为约束条件。

系统约束条件的选取应从设计角度考虑，能用设计变量表示的约束函数都可以作为约束条件，但是不必要的限制会导致可行区域的减小，甚至无法得到优化结果。优化设计的约束条件中不仅包含用来降低设计自由度的等式约束，更多的是不等式约束，以下将从单个齿轮、齿轮副和行星齿轮系统三个角度来分析系统的约束条件。

从单个齿轮角度考虑的约束条件如下：

1）各齿轮齿顶厚大于0.3倍齿轮模数的限制条件，过大的负变位可能导致外齿轮齿顶厚度过小，为防止齿轮齿顶厚度过小而影响强度，齿轮齿顶厚度需满足以下条件：

$$\begin{cases} s_{as} = d_{as}\left(\dfrac{\pi + 4x_s\tan\alpha_s}{2z_s} + \mathrm{inv}\alpha_s - \mathrm{inv}\alpha_{as}\right) \geqslant 0.3m_s \\[3mm] s_{ap} = d_{ap}\left(\dfrac{\pi + 4x_p\tan\alpha_p}{2z_p} + \mathrm{inv}\alpha_p - \mathrm{inv}\alpha_{ap}\right) \geqslant 0.3m_p \\[3mm] s_{ar} = d_{ar}\left(\dfrac{\pi + 4x_r\tan\alpha_r}{2z_r} - \mathrm{inv}\alpha_r + \mathrm{inv}\alpha_{ar}\right) \geqslant 0.3m_r \end{cases} \quad (2\text{-}6)$$

式中，s_{as}、s_{ap} 和 s_{ar} 是各齿轮的齿顶厚（mm）；d_{as}、d_{ap} 和 d_{ar} 是各齿轮的齿顶圆直径（mm）；α_s、α_p 和 α_r 是各齿轮的分度圆压力角（°）；α_{as}、α_{ap} 和 α_{ar} 是各齿轮的齿顶圆压力角（°）；x_s、x_p、x_r 分别是太阳轮、行星轮及内齿轮的变位系数；z_s、z_p、z_r 分别是太阳轮、行星轮及内齿轮的齿数。

2）轮齿不发生根切的限制条件，齿轮齿数过少或变位系数选择不当都可能导致齿轮加工过程中根切现象的产生，齿轮根切会削弱齿轮齿根的强度，因此为了防止齿轮发生根切，太阳轮和行星轮的齿数以及变位系数的选择需满足以下条件：

$$\begin{cases} z_s \geqslant z_{\min} = \dfrac{h_{as}^*}{\sin^2\alpha_s} \\[3mm] z_p \geqslant z_{\min} = \dfrac{h_{ap}^*}{\sin^2\alpha_p} \\[3mm] x_s \geqslant x_{\min} = h_{as}^* - \dfrac{z_s\sin^2\alpha_s}{2} \\[3mm] x_p \geqslant x_{\min} = h_{ap}^* - \dfrac{z_p\sin^2\alpha_p}{2} \end{cases} \quad (2\text{-}7)$$

式中，h_{as}^* 和 h_{ap}^* 是太阳轮和行星轮的齿顶高系数；$z_{\min}$ 是最小齿数；$x_{\min}$ 是最小变位系数。

3）齿轮弯曲强度的限制条件，对各个齿轮进行弯曲强度校核，确保作用在齿根上的循环弯曲应力小于材料的许用应力。

通过30°切线法来判断齿根危险截面的位置，以载荷作用于齿根危险截面时的最大弯曲应力作为齿轮名义齿根应力，考虑到齿轮使用条件、材料及尺寸的区别，名义齿根应力经过相应的系数修正后作为计算齿根应力，修正后的弯曲疲劳极限作为许用齿根应力。

$$\begin{cases} S_{Fs} \geqslant S_{Fmin} \\ S_{Fp} \geqslant S_{Fmin} \\ S_{Fr} \geqslant S_{Fmin} \end{cases} \qquad (2\text{-}8)$$

式中，S_{Fmin}是弯曲疲劳强度最小安全系数；S_{Fs}、S_{Fp}和S_{Fr}分别是太阳轮、行星轮和内齿轮的计算弯曲强度安全系数。

从齿轮副角度考虑的约束条件如下：

1）节点外啮合的限制条件，节点外啮合的形式可应用于外啮合副也可应用于内啮合副，且根据节点与实际啮合线位置的关系，节点外啮合又可分为节点前啮合和节点后啮合两种情况，故可以得到下列四种节点外啮合的限制条件。

外啮合齿轮副节点后啮合传动的限制条件为：

$$\alpha' > \alpha_{a2} \qquad (2\text{-}9)$$

外啮合齿轮副节点前啮合传动的限制条件为：

$$\alpha' > \alpha_{a1} \qquad (2\text{-}10)$$

内啮合齿轮副节点后啮合传动的限制条件为：

$$\alpha' < \alpha_{a2} \qquad (2\text{-}11)$$

内啮合齿轮副节点前啮合传动的限制条件为：

$$\alpha' > \alpha_{a1} \qquad (2\text{-}12)$$

2）齿轮副重合度限制条件，为保证齿轮传动过程的连续性、平稳性和齿轮副的承载能力，齿轮副重合度需满足如下要求：

$$\begin{cases} \varepsilon_{sp} \geqslant [\varepsilon] \\ \varepsilon_{pr} \geqslant [\varepsilon] \end{cases} \qquad (2\text{-}13)$$

式中，ε_{sp}和ε_{pr}是外啮合齿轮副和内啮合齿轮副的重合度；$[\varepsilon]$是重合度的许用值。

3）齿轮副啮合角的限制条件，行星齿轮传动系统的各齿轮副啮合角有其不同的取值范围，外啮合齿轮副的啮合角一般取 23°~27°，内啮合齿轮副的啮合角一般取 15°~21°。

$$\begin{cases} 23° \leqslant \alpha_{sp} \leqslant 27° \\ 15° \leqslant \alpha_{pr} \leqslant 21° \end{cases} \qquad (2\text{-}14)$$

4）齿轮副接触强度和胶合承载能力的限制条件，节点外啮合行星齿轮传动系统中接触强度和胶合承载能力的计算以相应国家标准中相应的计算公式为基础，结合节点外啮合齿轮啮合特性对齿轮副齿面接触强度和胶合承载能力进行约束。

为了防止齿轮在啮合过程中出现齿面点蚀和磨损，应对齿轮副的齿面接触强度进行校核，以小齿轮轮齿表面单对齿啮合区接触应力最大值的点作为计算依据；以积分温度作为胶合强度的标准，表达式如下：

$$\begin{cases} S_{Hs} \geqslant S_{Hmin}, S_{Hp} \geqslant S_{Hmin}, S_{Hr} \geqslant S_{Hmin} \\ S_{Bsp} \geqslant S_{Bmin}, S_{Bpr} \geqslant S_{Bmin} \end{cases} \tag{2-15}$$

式中，S_{Hmin}是接触疲劳强度最小安全系数；S_{Hs}、S_{Hp}和S_{Hr}是各齿轮计算接触强度安全系数；S_{Bmin}是胶合强度最小安全系数；S_{Bsp}和S_{Bpr}是外啮合和内啮合的计算胶合强度安全系数。

从行星齿轮传动系统角度考虑的约束条件如下：

1）邻接条件，为保证相邻行星轮的齿顶在运行时不发生干涉，必须保证两个行星轮齿顶之间需要的距离，用表达式的形式表示如下：

$$\frac{(z_p + z_s)\cos\alpha_p \sin(180°/n_p)}{\cos\alpha_{sp}} > z_p + 2(h_{ap}^* + x_p - \Delta y_p) \tag{2-16}$$

2）安装条件，为了使多个行星轮能同时安装并达到运转要求，行星齿轮传动系统中各齿轮齿数必须满足如下关系：

$$(z_r - z_s)/n_p = N \quad (整数) \tag{2-17}$$

3）同心条件，系统中各对相互啮合的齿轮副的中心距必须相等，以保证太阳轮、行星架和内齿轮的轴线相重合，即：

$$\frac{z_r - z_p}{\cos\alpha_{pr}} = \frac{z_s + z_p}{\cos\alpha_{sp}} \tag{2-18}$$

从设计变量的边界约束角度考虑，根据 NGW 型行星传动系统设计的要求，还需要确定设计变量的边界约束值和初始值，见表 2-1。

表 2-1 优化设计变量的边界约束值和初始值

变量	m_s/mm	m_p/mm	m_r/mm	z_s	z_p	α_s/(°)	h_{as}^*	x_s	x_p	x_r
下限值	2	2	2	17	17	0.25	0.8	−1	−1	−1
上限值	16	16	16	135	135	0.44	1.4	1	1	1
初始值	3	3	3	30	30	0.4	1	0.5	0.5	0.5

2.3 基于 MATLAB 的节点外啮合行星齿轮系统优化设计

2.3.1 节点外啮合行星齿轮传动系统优化设计流程

应用 Matlab 最优化工具箱有约束非线性规划函数 fmincon，采用序列二次规划法（SQP）法，只需在给定目标函数、约束条件的前提下，给出设计变量的初始值就可以进行优化运算。节点外啮合行星齿轮传动系统优化设计中不仅包含压力角、变位系数等连续设计变量，还存在离散设计变量，如太阳轮齿数和行星轮齿数。对这类系统的处理方式是先将设计变量都假定成连续设计变量处理，采用连续设计变量的优化方法进行优化，取得优化结果后，将取得的原为离散设计变量的非整数值调整到最为接近的整数值，但圆整后的方案不一定是最优方案，甚至可能不在设计变量的可行区域内。因此采用分步优化方法，过程如下。

第一次优化确定太阳轮和行星轮的最优齿数，设计变量共有 10 个，完成优化后可得到太阳轮齿数 z_s 和行星轮齿数 z_p，但是作为一种特殊的传动系统，并不是简单地将优化得到的太阳轮齿数和行星轮齿数作简单的圆整就可以满足系统的要求，行星齿轮传动系统对太阳轮和内齿轮的齿数有特殊的要求，由行星齿轮传动系统的安装条件可知，太阳轮齿数与内齿轮齿数之和必须整除行星轮个数才能保证系统的准确安装。行星齿轮传动系统各齿轮齿数圆整选择示意图如图 2-3 所示。

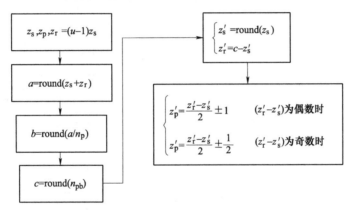

图 2-3 行星齿轮传动系统各齿轮齿数圆整选择示意图

再将圆整后的齿数作为已知量，进行二次优化。第二次优化确定其余设计变量，此时，太阳轮齿数 z_s 和行星轮齿数 z_p 为已知量，设计变量数目变为 8 个，将得到的设计变量做一定处理，便可得到设计结果。

2.3.2 节点外啮合行星齿轮传动系统设计实例

已知系统参数：功率 100kW，输入转速 1000r/min，传动比 4.57149，行星轮个数 5。优化设计变量的边界约束值和初始值见表 2-2。

表 2-2 优化设计变量的边界约束值和初始值

变量	m_s/mm	m_r/mm	z_s	z_p	α_s/(°)	x_s	x_p	x_r
下限值	2	2	35	40	15	0	−0.1	−0.1
上限值	10	10	60	60	25	0.5	0.5	0.5
初始值	3	3	35	40	20	0.1	0.1	0.1

利用优化程序对原理样机参数进行设计，将行星齿轮传动系统的内啮合设计成分度圆压力角不等的节点后啮合形式，满足（节点后）啮合条件即内齿轮齿顶圆压力角大于内啮合齿轮副啮合角。再以太阳轮和行星轮齿数、3个变位系数、2个模数、2个压力角为设计变量（外啮合副模数与压力角相等），优化目标为：太阳轮、行星轮和内齿轮的总体积最小。

利用仿真程序得到的节点外啮合行星齿轮传动系统太阳轮、行星轮和内齿轮的齿数分别为35、43、125，系统其他参数见表2-3。

表 2-3 节点外啮合行星齿轮传动系统参数

参数代码	参数数值	参数名称及单位
np	5	行星轮个数
x1	0.0597	太阳轮的变位系数
x2	−0.1000	行星轮的变位系数
x3	0.5000	内齿轮的变位系数
z1	35	太阳轮的齿数
z2	43	行星轮的齿数
z3	125	内齿轮的齿数
hax1	1	齿顶高系数（太阳轮和行星轮）
cx1	0.25	顶隙系数（太阳轮和行星轮）
hax3	1.0414	齿顶高系数（内齿轮）
cx3	0.2604	顶隙系数（内齿轮）
m1	2.5353	外啮合（太阳轮和行星轮）的模数（mm）
alfa1	24.0448	外啮合（太阳轮和行星轮）的压力角（°）
m3	2.4345	内齿轮的模数（mm）
alfa3	18.0000	内齿轮的压力角（°）
b	20	齿宽（mm）
chda（1）（参考）	1.5431	外啮合的重合度
chda（2）（参考）	1.6037	内啮合的重合度
areal（1）（参考）	98.7758	太阳轮和行星轮的实际中心距（mm）
areal（2）（参考）	98.7758	行星轮和内齿轮的实际中心距（mm）
alfatreal（1）（参考）	23.9095	太阳轮和行星轮的实际啮合角（°）
alfatreal（2）（参考）	16.0428	行星轮和内齿轮的实际啮合角（°）
S_{H1}	1.624	太阳轮接触强度安全系数

（续）

参数代码	参数数值	参数名称及单位
S_{H2}	1.624	行星轮接触强度安全系数
S_{H3}	1.250	内齿轮接触强度安全系数
S_{F1}	2.905	太阳轮弯曲强度安全系数
S_{F2}	2.884	行星轮弯曲强度安全系数
S_{F3}	4.238	内齿轮弯曲强度安全系数
S_{B1}	4.670	外啮合胶合强度安全系数
S_{B2}	7.446	内啮合胶合强度安全系数

本章小结

应用 MATLAB 优化工具箱建立了节点外啮合行星齿轮传动系统优化设计的模型，分析了系统的约束条件。以系统总质量最小为目标函数，采用 MATLAB 优化设计方法，设计了内啮合齿轮副分别为节点前啮合和节点后啮合的节点外啮合行星齿轮传动系统。将齿轮齿数这一离散设计变量作为连续设计变量处理，进行第一次优化得到太阳轮和行星轮的最优齿数，在保证行星齿轮传动系统安装条件的基础上圆整太阳轮和行星轮的齿数。将各齿轮齿数作为已知量，对行星齿轮系统进行第二次优化，从而得到其余的连续设计变量的优化值，完成系统的优化设计。这也为多设计变量和多约束条件的节点外啮合行星齿轮传动系统的设计提供了一种有效的方法。

第 3 章

双模数节点外啮合齿轮副刚度计算方法

3.1 引言

    齿轮副啮合刚度一直对齿轮系统动力学和强度研究有重要的影响，齿轮啮合刚度的计算结果直接影响齿轮的承载能力、载荷分布和动态特性计算的准确性。计算齿轮副单对轮齿刚度时，需先对单个轮齿的变形进行研究，包含利用单个轮齿的弯曲变形、接触变形和基体变形求解单个轮齿的刚度。综合刚度为齿轮副在整个啮合区参与啮合轮齿刚度的叠加，将每个轮齿简化为单个弹簧模型，每对啮合轮齿简化为串联弹簧模型，同时啮合的两对轮齿简化为并联弹簧模型，求解齿轮的综合啮合刚度。

3.2 双模数节点外啮合齿轮副刚度分析

    双模数节点外啮合齿轮在啮合过程中和普通齿轮副一样，会出现单、双齿交替啮合的现象。图 3-1 为齿轮在处于双齿啮合区时轮齿的啮合位置。图 3-2 为轮齿的齿廓上单双齿啮合区沿齿面的分布位置。从动轮由齿顶进入啮合，主动轮由齿根进入啮合，在齿顶 $a\text{-}b$ 和齿根 $c\text{-}d$ 段为双齿啮合区，由相互啮合的两对轮齿承担所有载荷，中间 $b\text{-}c$ 段为单齿啮合区，由一对相互啮合的轮齿承担所有载荷。

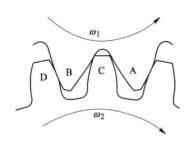
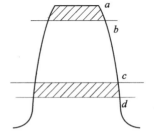

图 3-1 双齿啮合区轮齿的啮合位置   图 3-2 单双齿啮合区沿齿面分布图

    图 3-3 为重合度 ε_α 大于 1 的一对节点外啮合齿轮副沿实际啮合线 B_1B_2 的周期分布图，其中 p_b 为基圆齿距。

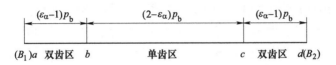

图 3-3　节点外啮合齿轮副沿实际啮合线 B_1B_2 的周期分布图

3.2.1　单对齿啮合刚度分析

采用材料力学的方法，将单个轮齿处理为非均匀悬臂梁模型，对单个轮齿的柔度进行计算，轮齿的非均匀悬臂梁模型如图 3-4 所示，其中 W_j 是任意点 j 传递的载荷，轮齿模型沿着通过齿顶中心和齿轮圆心的直线对称，沿着对称轴线，轮齿在齿廓上的有效接触部分被均匀分成许多长方形的微单元，采用 i 表示。微单元 i 的变形，取决于轮齿的弯曲变形、轮齿的剪切变形、齿面的接触变形和基体变形，同时加入轮体变形部分，因此齿轮的变形总量 $\delta_{\sum j}$ 为：

$$\delta_{\sum j} = \delta_b + \delta_s + \delta_p + \delta_G + \delta_h + \delta_g \tag{3-1}$$

式中，δ_b 是轮齿变形中的弯曲变形 mm；δ_s 是轮齿变形中的剪切变形 mm；δ_p 是轮齿变形中的压缩变形 mm；δ_G 是基体变形 mm；δ_h 是齿面接触变形 mm；δ_g 是齿轮轮体变形 mm。

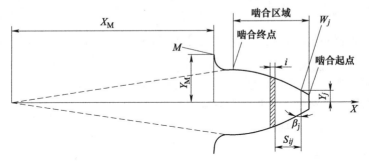

图 3-4　轮齿刚度计算模型

1. 弯曲变形 δ_{bj}

轮齿的弯曲变形 δ_{bj} 为轮齿在法向载荷垂直于对称轴线 X 的分量和附加弯矩的作用下产生的变形，轮齿的载荷作用点 j 的弯曲变形量为：

$$\delta_{bj} = \sum_{i=j}^{k} \left(\frac{W_j}{E_e I_i} \cos\beta_j \right) \left[\frac{L_i^3}{3}\cos\beta_j + L_i^2 S_{ij}\cos\beta_j + \frac{L_i^2 S_{ij}^2}{2}\cos\beta_j - \left(\frac{L_i^2 Y_j}{2}\sin\beta_j + L_i Y_{ij} S_{ij}\sin\beta_j \right) \right]$$

$$\tag{3-2}$$

式中，Y_j 是齿轮在 j 点处的半齿厚；L_i 是微单元 i 的厚度；I_i 是惯性矩；S_{ij} 是微单元

i 点与载荷作用点 j 点沿 X 轴的距离；β_j 是载荷 W_j 与 Y 轴的夹角；Y_{ij} 是微单元 i 在 j 点的半齿厚；E_e 是有效弹性模量，由轮齿宽度决定，分为平面应变（宽齿）和平面应力（窄齿）两种，当 $B/H_p > 5$ 时为宽齿，$E_e = E/(1 - \nu^2)$；除此对应为窄齿，$E_e = E$，其中 B 为有效齿宽。

2. 剪切变形 δ_{sj}

剪切变形 δ_{sj} 为轮齿在法向载荷切向分量作用下的变形，轮齿在作用点 j 处产生的剪切变形量为：

$$\delta_{sj} = \sum_{i=j}^{k} \frac{12 W_j L_i \cos^2 \beta_j (1 + \nu)}{5 E_e A_i} \tag{3-3}$$

式中，ν 是泊松比；A_i 是横截面面积（mm^2）。

3. 压缩变形 δ_{pj}

$$\delta_{pj} = \sum_{i=j}^{k} \frac{W_j L_i}{E_e A_i} \sin^2 \beta_j \tag{3-4}$$

4. 基体变形 δ_{Gj}

基体变形采用 Cornell[19] 给出的公式计算，即：

$$\delta_{Gj} = \frac{W_j \cos^2 \beta_j}{B E_e} \left[5.306 \left(\frac{L_f}{2 Y_M} \right)^2 + 2 \gamma_\nu \frac{L_f}{2 Y_M} + 1.534 \left(1 + \frac{0.4167 \tan \beta_j}{1 + \nu} \right) \right] \tag{3-5}$$

式中，γ_ν 是齿宽的影响系数，当轮齿为宽齿时，$\gamma_\nu = (1 - \nu - 2\nu^2)/(1 - \nu^2)$，当轮齿为窄齿时，$\gamma_\nu = (1 - \nu)$；$L_f$ 为作用点 j 点到过渡曲线和齿根圆交点与渐开线延长线和齿根圆交点之间的中点 M 点的 X 轴距离 mm，$L_f = \pm X_j \mp X_M - Y_j \tan \beta_j$（外啮合齿轮采用上排符号，内啮合齿轮采用下排符号）；X_M 是 M 点到齿轮 X 轴的距离 mm；Y_M 是 M 点到 Y 轴的距离 mm。

5. 接触变形 δ_{hj}

设 ρ_1 是主动轮接触点的曲率半径，ρ_2 是从动轮接触点的曲率半径，根据 Hertz 理论，接触区域的变形为：

$$\delta_{hj} = \frac{2 \left(\dfrac{1 - \nu_1^2}{E_1} + \dfrac{1 - \nu_2^2}{E_2} \right) W_j \rho_{2j}}{\pi B (\rho_{1j} + \rho_{2j})} \tag{3-6}$$

式中，ρ_1 和 ρ_2 凸表面为正，凹表面为负。

6. 轮体变形 δ_g

齿轮轮体结构如图 3-5 所示，由于在载荷 W_j 垂直 X 轴分力 F_Y 和附加弯矩 M 的作用下，轮体会发生弯曲以及扭转变形，文献［18］表明轮体的周向变形对齿轮的刚度具有较大的影响，因此在计算双模数节点外啮合齿轮副的啮合刚度时应当给予考虑。

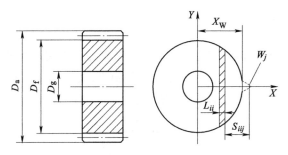

图 3-5　齿轮轮体结构

载荷 W_j 垂直于 X 轴分力和附加弯矩为：

$$\begin{cases} F_Y = W_j \sin\beta_j \\ M = W_j(S_{ij}\cos\beta_j - Y_j\sin\beta_j) \end{cases} \tag{3-7}$$

根据材料力学公式，在载荷 F_Y 作用下的挠度 ω_{fii} 和转角 θ_{fii} 为：

$$\begin{cases} \omega_{\text{fii}} = \dfrac{W_j L_{ii}^3}{3E_e I_{ii}}\cos\beta_j \\ \theta_{\text{fii}} = \dfrac{W_j L_{ii}^2}{2E_e I_{ii}}\cos\beta_j \end{cases} \tag{3-8}$$

式中，I_{ii} 是轮体平行于 Y 轴任意截面单元 ii 相对于齿宽 B 的惯性矩（mm^4）；L_{ii} 是截面厚度（mm）。

在弯矩 M 作用下的挠度 ω_{Mii} 和转角 θ_{Mii} 如下：

$$\begin{cases} \omega_{\text{Mii}} = \dfrac{M L_{ii}^2}{2E_e I_{ii}} \\ \theta_{\text{Mii}} = \dfrac{M L_{ii}}{E_e I_{ii}} \end{cases} \tag{3-9}$$

当施加的载荷 W_j 作用在轮齿的 j 点时，轮体的总变形 δ_{gj} 表示为：

$$\delta_{gj} = \sum_{ii=j}^{0} \omega_{\text{fii}} + \theta_{\text{fii}}S_{iij} + \omega_{\text{Mii}} + \theta_{\text{Mii}}S_{iij} \tag{3-10}$$

式中，S_{iij} 是载荷 W_j 作用点沿 X 轴到轮体微单元 ii 的距离（mm）。

由式（3-1）可以得到两个相互啮合的轮齿变形量为 $\delta_{\Sigma jz1}$ 和 $\delta_{\Sigma jz2}$，因此两个轮齿在啮合位置处的总变形量为：

$$\delta_{\Sigma j} = \delta_{\Sigma jz1}\cos\beta_j + \delta_{\Sigma jz2}\cos\beta_j \tag{3-11}$$

通过计算各个点的啮合变形，得到啮合点位置处齿轮的整体刚度：

$$K_j = W_j / \delta_{\Sigma j} \qquad (3\text{-}12)$$

3.2.2 齿轮副综合刚度分析

将轮齿的齿廓和轮体离散为多个离散的微单元，采用上述公式，求解各个点的变形，沿着齿廓的啮合线进行积分，在载荷 W_j 的作用下，得到齿轮在啮合点的变形和刚度，其计算流程如图 3-6 所示。

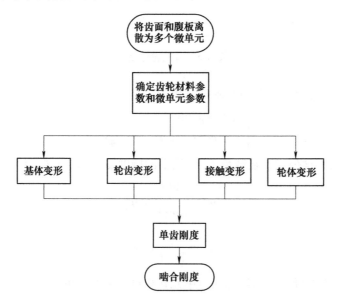

图 3-6　齿轮刚度计算流程

利用材料力学方法求得啮合位置处的单齿刚度 K_A、K_B、K_C 和 K_D，在齿轮副啮合过程中，轮齿 A、C，B、D 分别啮合，将轮齿看作弹簧模型，求得在啮合区齿轮的啮合刚度：

$$K_{AC} = \frac{K_A K_C}{K_A + K_C} \qquad (3\text{-}13)$$

$$K_{BD} = \frac{K_B K_D}{K_B + K_D} \qquad (3\text{-}14)$$

根据齿轮副的啮合原理，求得平均啮合刚度：

$$K_r = K_{bc}(2 - \varepsilon) + \frac{(K_{ab} + K_{cd})(\varepsilon - 1)}{2} \qquad (3\text{-}15)$$

式中，K_{ab} 是双齿啮合 ab 段的齿轮平均啮合刚度（N/m）；K_{cd} 是双齿啮合 cd 段的齿轮平均啮合刚度（N/m）；K_{bc} 是单齿啮合 bc 段的齿轮平均啮合刚度（N/m）。

3.3　双模数外啮合齿轮副节点外啮合刚度计算方法

3.3.1　影响参数分析

ISO6336-1—2006 和 GB/T 3480.1—2019 的轮齿柔度计算公式为 Winter 得出的回归方程，公式计入了齿数和变位系数的影响，而压力角取恒定值 20°，并取节点处的齿轮刚度作为齿轮的最大单对齿刚度；根据柔度方程求解出齿轮最大单对齿刚度，并根据啮合原理，计算出齿轮副的综合啮合刚度，运用统计学分析，则综合啮合刚度的公式为：

$$c_\gamma = c'(0.75\varepsilon_\alpha + 0.25) \tag{3-16}$$

式中，c_γ 是啮合刚度（N/m）；c' 是最大单齿对刚度（N/m）；ε_α 是重合度。

由式（3-16）可知，齿轮副综合啮合刚度由单对齿啮合刚度和重合度决定。

国标中，对于普通齿轮副采用节点处的刚度代替最大单对齿刚度，并且没有计入压力角对刚度的影响，而对于双模数节点外啮合齿轮副，其啮合线没有经过节点，而且两个齿轮具有不同的压力角，这样已有的公式就不适用于双模数节点外啮合齿轮啮合刚度的计算。为了满足双模数节点外啮合齿轮副的设计要求，外啮合和内啮合齿轮副需要不同的参数，故本节将分别拟合其柔度方程，这样得出的结果将更加符合实际情况。

双模数外啮合节点外啮合齿轮副和普通齿轮副相比，两个齿轮具有不同的模数和压力角，而且也不是恒定值。为此分析模数和压力角对刚度的影响，压力角不仅会改变齿轮形状，还会影响齿轮的载荷作用角；要将模数和压力角引入公式中，首先应该通过控制变量法分析模数、压力角对刚度的影响。

在满足齿轮副正常运行的条件下，结合双模数节点外啮合齿轮副的特点，选取表 3-1 中的参数分析模数对啮合刚度的影响：

表 3-1　外啮合齿轮副参数

参数	数值	参数	数值	参数	数值	参数	数值
齿数 z_1	30	齿顶高系数 h_a^*	0.8	z_1 变位系数 x_1	0	压力角 $\alpha/(°)$	20
齿数 z_2	36	顶隙系数 c^*	0.3	z_2 变位系数 x_2	0		25

在保持其他参数不变的情况下，只改变模数的大小，取模数 $m = 2$mm、2.5mm、3mm、3.5mm、4mm，计算得出不同模数下齿轮副的刚度，单对齿啮合刚度的影响如图 3-7 所示，综合啮合刚度的影响如图 3-8 所示。

由图 3-7 和图 3-8 可知，随着模数的增加，单对齿时变刚度和综合时变刚

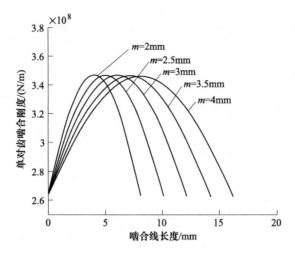

图 3-7　模数对外啮合单对齿啮合刚度的影响

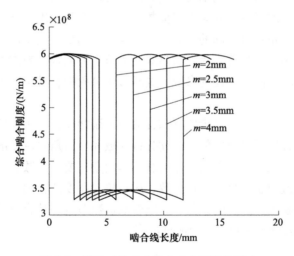

图 3-8　模数对外啮合综合啮合刚度的影响

度的起点、终点和最高点数值的大小并没有改变，只是模数的增加使得啮合线的长度增加，图形的跨度变大，通过计算平均啮合刚度得出其平均啮合刚度的变化值很小。在刚度计算中引入了重合度的影响，齿轮的模数通过对重合度的影响而影响其刚度。理论上，不同模数的齿轮是相似形的，根据相似形理论可以得出，模数对轮齿的形状影响不大，计算的结果和这一理论相符。利用上面得出的数据进一步计算出不同模数下的单对齿平均啮合刚度和综合平均啮合刚度，见表 3-2。

表 3-2　不同模数的平均啮合刚度

刚度	模数/mm				
	2	2.5	3	3.5	4
单对齿平均啮合刚度 $K/(\times 10^8 \text{N/m})$	3.176	3.174	3.172	3.170	3.168
综合平均啮合刚度 $K_n/(\times 10^8 \text{N/m})$	4.817	4.810	4.807	4.802	4.799

由表 3-2 中的数据可知，在不同模数下齿轮副的单对齿平均啮合刚度和综合平均啮合刚度变化很小，所以在计算齿轮副的柔度时，并没有将模数引入方程中。

在满足齿轮副运行的条件下，结合双模数节点外啮合齿轮副的特点，选取表 3-3 中的参数分析压力角对啮合刚度的影响。

表 3-3　外啮合齿轮副参数

参数	数值	参数	数值	参数	数值	参数	数值
齿数 z_1	30	齿顶高系数 h_a^*	0.8	z_1 变位系数 x_1	0	模数 m	3
齿数 z_2	36	顶隙系数 c^*	0.3	z_2 变位系数 x_2	0	/mm	2.5

保持其他参数不变，分别取压力角 $\alpha_1 = 18°$、$20°$、$22°$、$25°$、$28°$，计算得出不同压力角下齿轮副的刚度，单对齿啮合刚度如图 3-9 所示，综合啮合刚度如图 3-10 所示。

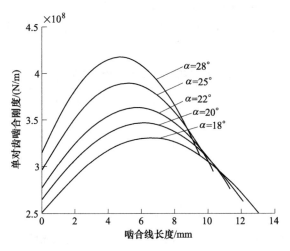

图 3-9　压力角对外啮合单对齿啮合刚度的影响

通过对图 3-9 和图 3-10 的分析可以得出，随着压力角的增大，单对齿啮合刚

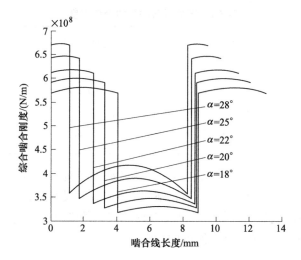

图 3-10　压力角对外啮合综合啮合刚度的影响

度呈现增加的趋势，即压力角和单对齿啮合刚度呈正相关，综合啮合刚度也随着压力角的增加而增加。

进一步计算出不同压力角下的单对齿平均啮合刚度和综合平均啮合刚度，具体结果见表 3-4。由表 3-4 可知，压力角对于单对齿平均啮合刚度的影响较大。普通齿轮副，一般采用压力角 $\alpha = 20°$，和其相比较，$\alpha = 18°$、$22°$、$25°$、$28°$ 的单对齿平均啮合刚度分别增加了 -4.76%、4.79%、12.28%、20.16%，综合平均啮合刚度分别增加了 0.74%，-0.52%，-1.78%，-2.37%。从以上数据可以看出，压力角对单对齿平均啮合刚度影响较大，而对于综合平均啮合刚度的影响相对较小。

表 3-4　不同压力角的平均啮合刚度

刚度	压力角 $\alpha/ (°)$				
	18	20	22	25	28
单对齿平均啮合刚度 $K/(\times 10^8 \text{N/m})$	3.023	3.174	3.326	3.564	3.814
综合平均啮合刚度 $K_n/(\times 10^8 \text{N/m})$	4.843	4.807	4.782	4.721	4.693

综合以上分析，模数对于刚度的影响很小，这符合相似形理论。而压力角不仅改变齿轮的形状，还会改变载荷的作用角，对单对齿啮合刚度影响很大，所以在齿轮副的柔度方程中，应该计入压力角的影响，并且和柔度呈现负相关。

3.3.2 刚度方程的拟合

在满足外啮合齿轮副节点外啮合正确啮合的前提下，通过改变压力角、变位系数等参数得到样本空间中的齿轮副参数，运用非均匀悬臂梁的方法计算出齿轮副的柔度，以此得出样本空间中齿轮副的刚度，见表 3-5。利用样本空间推导齿轮的柔度回归方程，本节将在国标 GB/T 3480.1—2019 中柔度计算公式的基础上引入两齿轮压力角的影响项，即单对齿轮柔度方程为齿数、变位系数和压力角的函数。

假设齿轮柔度是具有 4 个变量的一组数据，可以采用四元多项式表示，多个参数下的齿轮刚度计算结果见表 3-5。齿轮的齿宽和轮体宽度均为 20mm，载荷为 1000N，根据国标 GB/T 3480.1—2019 中柔度的表达式得出双模数节点外啮合齿轮副的柔度 q 表达式：

$$q = a_0 + \left(a_1 x_1 + a_1' x_2 + \frac{b_1}{z_1} + \frac{b_1'}{z_2} + \frac{c_1}{\alpha_1} + \frac{d_1}{\alpha_2} \right) +$$
$$\left(a_2 x_1^2 + a_2' x_2^2 + \frac{c_2}{\alpha_1^2} + \frac{d_2}{\alpha_2^2} \right) + \left(a_3 \frac{x_1}{z_1} + a_3' \frac{x_2}{z_2} + \frac{c_3 x_1}{\alpha_1} + \frac{c_3' x_2}{\alpha_2} \right) \tag{3-17}$$

表 3-5 外啮合齿轮副的刚度样本空间

$\alpha_1/(°)$	$\alpha_2/(°)$	z_1	z_2	x_1	x_2	ε_α	$K/(\times10^8 \mathrm{N/m})$	$K_n/(\times10^8 \mathrm{N/m})$
25.827	20.326	45	56	0.691	−0.542	1.254	2.920	4.008
20.855	19.095	56	72	0.896	−0.786	1.336	2.971	4.386
24.850	19.363	27	32	0.805	−0.77	1.192	2.305	2.977
25.563	20.326	40	60	0.56	−0.3	1.255	3.152	4.334
28.510	21.079	32	64	0.67	−0.45	1.174	2.885	3.639
26	19.5	65	96	0.25	0.35	1.300	3.345	4.776
23.5	18.1	28	42	0.52	−0.65	1.307	2.552	3.674
24.52	18.95	70	86	0.52	−0.65	1.379	2.808	4.253
21.079	28.510	35	50	−0.361	0.502	1.226	3.096	4.127
18.660	24.705	40	60	−0.561	0.41	1.372	2.840	4.296
18.604	23.461	60	78	−0.621	0.502	1.412	2.954	4.584
20.35	24.86	52	66	−0.72	0.65	1.320	2.960	4.297
20.173	29.041	29	33	−0.419	0.419	1.214	2.822	3.715
22	26.94	38	52	−0.67	0.59	1.243	3.003	4.082
24.5	29.7	82	108	−0.05	0.2	1.212	3.703	4.878

在计算之前将表 3-5 中压力角的角度值转化为弧度值，拟合出外啮合齿轮副

在单位载荷下单位齿宽的柔度回归方程：

$$q = 0.20385 + 0.01035x_1 + 0.01261x_2 + \frac{0.11252}{z_1} + \frac{0.53224}{z_2} - \frac{0.13912}{\alpha_1} +$$

$$\frac{0.01653}{\alpha_2} - 0.00898x_1^2 + 0.02455x_2^2 + \frac{0.02651}{\alpha_1^2} - \frac{0.00231}{\alpha_2^2} -$$

$$0.35862\frac{x_1}{z_1} - 0.48025\frac{x_2}{z_2} - 0.00504\frac{x_1}{\alpha_1} - 0.00552\frac{x_2}{\alpha_2} \qquad (3\text{-}18)$$

式中，α 是压力角（rad），q 是柔度（mm·μm/N）。

说明：式（3-18）仅适用于压力角在 $18°\sim30°$ 之间、变位系数在 $-1\sim1$ 之间、材料为钢对钢的双模数齿轮副。

为检验拟合出线性回归方程的精确程度，对推导出的线性回归方程进行残差分析，将真实值和拟合值以图形的形式进行比较，可以更加直观地显示出对比情况，如图 3-11 所示。

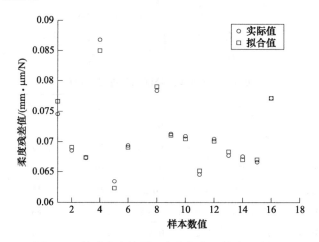

图 3-11　外啮合齿轮副柔度回归方程的残差分析

从上面的残差分析中可以看出，求出的线性回归方程是比较准确的，实际值和拟合值相差较小，具有可用性。

外啮合齿轮副单位齿宽的单对轮齿平均刚度计算公式：

$$K = \frac{1}{q} \qquad (3\text{-}19)$$

进一步得出齿轮的啮合综合刚度为：

$$K_n = (0.565 + 0.660\varepsilon_\alpha)K \qquad (3\text{-}20)$$

由于样本空间采用单对轮齿的平均刚度作为单对齿刚度，单对齿的平均刚度相对于节点处的刚度有所降低，因此，式（3-20）与 Winter 公式相比，系数变大。式（3-18）能更加明确地反映齿数、变位系数和压力角对柔度的影响，利用式（3-18）计算出的柔度和理论计算相比误差在 5% 以内，而利用国标 GB/T 3480.1—2019 计算，误差则在 20% 左右。所以对于双模数节点外啮合齿轮副采用式（3-18）计算得出的柔度更加准确。

3.4　双模数内啮合齿轮副节点外啮合刚度计算方法

3.4.1　影响参数分析

双模数内啮合与外啮合的刚度计算方法相似，在满足齿轮副正常运行的条件下，结合双模数内啮节点外啮合齿轮副的特点，首先选取表 3-6 中的参数，分析模数对刚度的影响。

表 3-6　内啮合齿轮副参数

参数	数值	参数	数值	参数	数值	参数	数值
齿数 z_1	25	齿顶高系数 h_a^*	1	z_1 变位系数 x_1	0	压力角 $\alpha/(°)$	20
齿数 z_2	81	顶隙系数 c^*	0.25	z_2 变位系数 x_2	0		25

在保持其他参数不变的情况下，只改变模数的大小，取模数 $m = $（2、2.5、3、3.5、4）mm，计算得出不同模数下齿轮副的刚度，单对齿啮合刚度如图 3-12 所示，综合啮合刚度如图 3-13 所示。

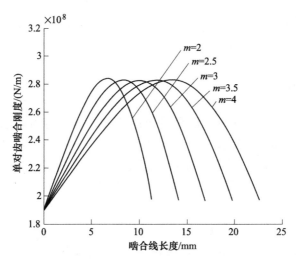

图 3-12　模数对内啮合单对齿啮合刚度的影响

利用上面得出的数据进一步计算出不同模数下的单对齿平均啮合刚度和综合

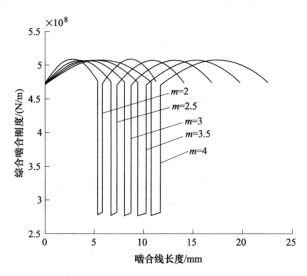

图 3-13　模数对内啮合综合啮合刚度的影响

平均啮合刚度，见表 3-7。

表 3-7　不同模数的平均啮合刚度

刚度	模数/mm				
	2	2.5	3	3.5	4
单对齿平均啮合刚度 $K/(\times 10^8 \text{N/m})$	2.498	2.489	2.488	2.489	2.491
综合平均啮合刚度 $K_n/(\times 10^8 \text{N/m})$	4.872	4.855	4.852	4.855	4.858

　　由图 3-12 和图 3-13 可知，随着模数的增加，内啮合齿轮副的单对齿时变刚度和综合时变刚度的起点、终点和最高点数值的大小并没有改变，只是模数的增加使得啮合线的长度增加，图形的跨度变大。通过计算平均啮合刚度可得其平均啮合刚度的变化值很小，在刚度计算中引入了重合度的影响，齿轮的模数通过对重合度的影响而影响其刚度；理论上不同模数的齿轮是相似形的，根据相似形理论可以得出，模数对轮齿的形状影响不大，这样对刚度的影响就很小，计算的结果和这一理论相符，见表 3-7。所以在齿轮副柔度计算公式中并没有引入模数。

　　在满足齿轮副运行的条件下，结合双模数内啮合节点外啮合齿轮副的特点，选取表 3-8 中的参数，分析压力角对刚度的影响。

表 3-8　内啮合齿轮副参数

参数	数值	参数	数值	参数	数值	参数	数值
齿数 z_1	25	齿顶高系数 h_a^*	1	z_1 变位系数 x_1	0	模数 m/mm	3
齿数 z_2	81	顶隙系数 c^*	0.25	z_2 变位系数 x_2	0		2.5

采用控制变量法，取压力角 $\alpha = 18°$、$20°$、$22°$、$25°$、$28°$，计算得出不同压力角下齿轮副的刚度，单对齿啮合刚度如图 3-14 所示，综合啮合刚度如图 3-15 所示。

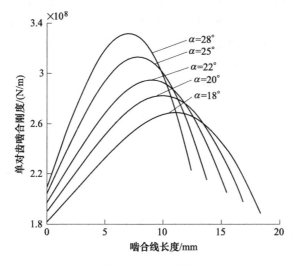

图 3-14　压力角对单对齿啮合刚度的影响

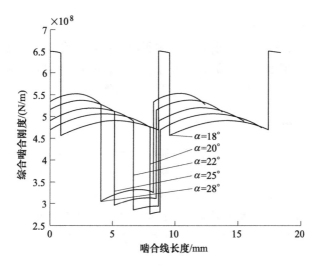

图 3-15　压力角对综合啮合刚度的影响

通过图 3-14 和图 3-15 的分析可以得出，随着压力角的增大，单对齿啮合刚度呈现增加的趋势。单对齿啮合刚度的最大值不断增加，曲线的起点值也不断增加，即压力角和单对齿啮合刚度呈正相关，综合啮合刚度也随着压力角的增加而增加。

进一步计算出不同压力角下的单对齿平均啮合刚度和综合平均啮合刚度，具体计算结果见表 3-9。由表 3-9 可知，压力角对于单对齿平均啮合刚度的影响较大。一般的齿轮副采用压力角 $\alpha = 20°$，和其相比较，$\alpha = 18°$、$22°$、$25°$、$28°$的单对齿平均啮合刚度分别增长了 -4.82%、4.30%、10.5%、16.6%，综合平均啮合刚度分别增加了 4.3%，-0.78%，-2.0%，-3.1%。从以上数据可以看出，单对齿平均啮合刚度受压力角的影响较大，而对于综合平均啮合刚度，$\alpha = 18°$时，齿轮副重合度大于 2，故相差比较大，这里不予以分析，从其他数值来看，压力角对综合平均啮合刚度的影响相对较小。

表 3-9 不同压力角的平均啮合刚度

刚度	压力角 $\alpha/(°)$				
	18	20	22	25	28
单对齿平均啮合刚度 $K/(\times 10^8 \text{N/m})$	2.368	2.488	2.595	2.750	2.902
综合平均啮合刚度 $K_n/(\times 10^8 \text{N/m})$	5.064	4.853	4.815	4.754	4.701

综合以上分析，模数对于刚度的影响很小，而压力角不仅改变齿轮的形状，还会改变载荷的作用角，对于单对齿啮合刚度影响很大，所以在齿轮副的柔度方程中，应该计入压力角的影响，并且和柔度呈现负相关。

3.4.2 刚度方程的拟合

在满足内啮合节点外啮合齿轮副正确啮合的前提下，通过改变压力角、变位系数等参数得到样本空间中的齿轮副参数，运用非均匀悬臂梁的方法计算出齿轮副的柔度，以此得出样本空间中齿轮副的刚度，见表 3-10。利用样本空间推导齿轮的柔度回归方程，本节将在国标 GB/T 3480.1—2019 中柔度计算公式基础上引入两齿轮压力角的影响项，即单对齿轮柔度方程为齿数、变位系数和压力角的函数。

表 3-10 内啮合齿轮副的刚度样本空间

$\alpha_1/(°)$	$\alpha_2/(°)$	z_1	z_2	x_1	x_2	ε_α	$K/(\times10^8\,\mathrm{N/m})$	$K_\mathrm{n}/(\times10^8\,\mathrm{N/m})$
25	22.3	25	81	0.78	1	1.194	2.747	3.563
25	20	36	91	0.15	0.67	1.364	2.478	3.747
22.52	25.1	30	87	0.68	−0.4	1.248	2.749	3.752
24.05	18	43	125	−0.1	0.5	1.457	2.344	3.767
29.70	24.5	45	82	−0.35	0.26	1.283	2.417	3.421
23.50	19.86	37	96	0.25	0.26	1.322	2.337	3.425
25	22.3	52	105	0.18	0.46	1.389	2.503	3.844
26	20.12	33	85	−0.48	−0.56	1.450	2.258	3.613
22.56	19.37	67	125	−0.15	0.38	1.603	2.364	4.112
21.23	28.48	32	65	0.05	−0.26	1.207	2.634	3.474
20	25.6	46	93	−0.1	−0.46	1.304	2.484	3.584
22	28.98	28	78	−0.15	−0.35	1.183	2.383	2.996
19.36	24.85	42	98	0.15	−0.17	1.389	2.448	3.717
22.30	25	37	83	−0.28	0.25	1.347	2.410	3.543
24.5	29.7	41	103	0.15	−0.32	1.211	2.701	3.513

在计算之前将表 3-10 中压力角的角度值转化为弧度值，拟合出内啮合齿轮副在单位载荷下单位齿宽的柔度回归方程：

$$q = 0.13263 + 0.06446x_1 - 0.01044x_2 + \frac{0.36401}{z_1} - \frac{0.50522}{z_2} - \frac{0.08047}{\alpha_1} +$$

$$\frac{0.02620}{\alpha_2} + 0.01252x_1^2 - 0.00968x_2^2 + \frac{0.01653}{\alpha_1^2} - \frac{0.00356}{\alpha_2^2} -$$

$$0.88252\frac{x_1}{z_1} + 0.14797\frac{x_2}{z_2} - 0.02101\frac{x_1}{\alpha_1} + 0.00407\frac{x_2}{\alpha_2} \tag{3-21}$$

式中，α 是压力角（rad）；q 是柔度（mm·μm/N）。

说明：式（3-21）仅适用于压力角在 18°~30° 之间、变位系数在 −1~1 之间、钢对钢材料的双模数齿轮副。

为检验求解出线性回归方程的准确程度，对推导出的线性回归方程进行残差分析，将真实值和拟合值以图形的形式进行比较，可以更加直观地显示出结果，如图 3-16 所示。

从上面的残差分析中可以看出，实际值和拟合值相差较小，拟合的线性回归方程是比较准确的，具有可用性。

内啮合齿轮副单对轮齿的平均刚度近似计算公式为：

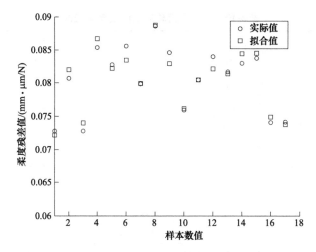

图 3-16　内啮合齿轮副回归方程的残差分析

$$K = \frac{1}{q} \tag{3-22}$$

进一步得出啮合综合刚度为：

$$K_n = (0.560 + 0.661\varepsilon_\alpha)K \tag{3-23}$$

由于样本空间采用单对轮齿的平均刚度作为单对齿刚度，单对齿的平均刚度相对于节点处的刚度有所降低，因此，式（3-23）与 Winter 公式相比，系数变大。本书给出的公式［式（3-21）］能更加全面准确地反映变位系数、齿数和压力角对柔度的影响，利用式（3-21）计算出双模数节点外啮合齿轮副的柔度误差在 5% 以内，而利用国标 GB/T 3480.1—2019 计算，误差则在 20% 左右。所以对于双模数节点外啮合齿轮副采用式（3-21）计算得出的柔度更加准确。

3.5　齿轮副的刚度有限元计算验证

已经分析得出用新算法计算双模数节点外啮合齿轮副的刚度和理论计算的结果更吻合，为了进一步验证新算法的正确性，下面利用 ANSYS 软件对齿轮副进行应变分析，求解齿轮副的刚度。

采用表 3-11 中的参数建立外啮合齿轮 z_1 和 z_2 三维模型，将模型导入 ANSYS Workbench 中生成有限元计算模型，主动轮添加约束后仅剩余围绕全局坐标系 z 轴方向的转动自由度，从动轮采用固定约束的方式，并根据啮合原理对相互啮合的齿面采用不分离约束，对模型施加载荷为 100N·m 的扭矩，在齿轮的啮合位置添加局部坐标系，其 X 轴的方向沿着齿轮啮合线的方向，计算该坐标系的 X 方向的变形，如图 3-17 所示。

表 3-11　有限元分析齿轮副的设计参数

参数	数值	参数	数值	参数	数值	参数	数值
模数 m_1/mm	2.804	齿数 z_1	30	z_1 变位系数 x_1	0.761	z_1 压力角 α_1/(°)	25.83
模数 m_2/mm	2.692	齿数 z_2	36	z_2 变位系数 x_2	-0.61	z_2 压力角 α_2/(°)	20.33
齿顶高系数 h_a^*	0.8	顶隙系数 c^*	0.3	—		—	

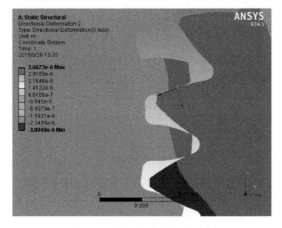

图 3-17　沿啮合线方向的变形

　　根据齿轮副的啮合原理，将齿轮副在三维软件中转过不同的角度，模拟其在实际啮合中的状态，然后将各个转角状态的齿轮副导入 ANSYS 中，按照上述的方法进行应变分析，对计算得出的应变量进行求和，得出沿啮合线方向的总变形，将各个转角状态下的总变形和齿轮的转动角一一对应，得出图 3-18 所示沿啮合线方向齿轮副的综合变形。

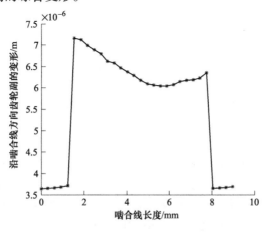

图 3-18　沿啮合线方向齿轮副的综合变形

根据刚度的定义，利用上面得出的变形量，计算双模数节点外啮合齿轮副沿啮合线方向的啮合刚度，如图 3-19 所示。为了和理论分析做对比，将齿轮处理为图 3-4 所示的非均匀悬臂梁模型，计算其综合啮合刚度，如图 3-20 所示。

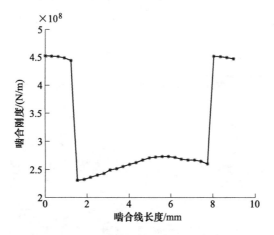

图 3-19　有限元计算的时变啮合刚度

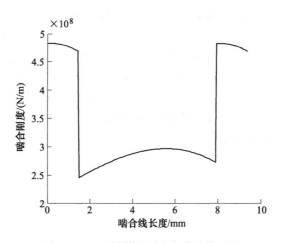

图 3-20　理论计算的时变综合啮合刚度

利用有限元求解出的齿轮副综合啮合刚度，同利用非均匀悬臂梁模型计算出的综合啮合刚度进行比较，二者相差在 5% 左右，说明样本空间计算得出的刚度数值和趋势精确度很高，那么所得的四元回归方程就具有可用性。

以表 3-11 的齿轮副为例，利用新方法计算得出的刚度为 17.61×10^9 N/(mm · μm)，有限元软件分析的刚度为 16.56×10^9 N/(mm · μm)，理论计算的刚度为 17.25×10^9 N/(mm · μm)，从上面的计算结果可以看出三者计算出来的数值相差皆在 5% 左右，这就说明了新方法适用于双模数节点外啮合齿轮副。

本章小结

　　采用材料力学的方法，将轮齿处理为非均匀悬臂梁模型，通过计算轮齿弯曲变形、轮齿剪切变形、轮齿接触变形以及基体变形和轮体变形求解齿轮的单对齿啮合刚度，针对双模数节点外啮合不经过节点这一特殊情况，提出了采用一个啮合周期的平均刚度计算单对齿啮合刚度的方法。分析了模数、压力角对刚度的影响，结合国标 GB/T 3480.1—2019 中的柔度公式，将两个齿轮的分度圆压力角都引入到柔度公式中，并根据双模数节点外啮合齿轮副的特点，给出了内啮合、外啮合的单对齿轮啮合刚度和综合啮合刚度的拟合公式；对拟合公式进行残差分析，得出真实值和拟合值相差较小，即拟合效果较好。为双模数节点外啮合齿轮副刚度的计算提供了方法，分别拟合内啮合、外啮合齿轮副的刚度计算公式，提高了其计算精度。利用有限元软件求解齿轮副啮合过程中沿啮合线方向的变形量，得出齿轮副的啮合刚度，分析比较拟合计算、有限元计算和国标公式计算三者的关系，得出样本空间的正确性和拟公式的可用性。

第 4 章

双模数节点外啮合齿轮副齿间载荷分配规律

4.1 引言

　　双模数节点外啮合齿轮副在啮合过程中，单对齿啮合和双对齿啮合仍将交替出现；在单对齿啮合区由一对轮齿承担所有的载荷，在双齿啮合区由两对轮齿承担所有的载荷。由于两个齿轮采用不同的压力角，且变位系数也比较大，使得两对轮齿所承担的载荷不同。在现有计算载荷分配的方法中，引入的是平均啮合刚度，其物理概念并不明确，因为它是一个平均量，并不能表明工作过程中的实际情况，即载荷分配率是由齿轮时变啮合刚度决定的，而不是由平均啮合刚度决定的。现有的计算公式不适用于双模数节点外啮合齿轮副，本章将求解其载荷分配规律。

4.2 齿轮副载荷分配规律的影响因素

4.2.1 啮合刚度对载荷分配规律的影响

　　轮齿可以看成一个弹性体，在外载荷作用下将产生变形。轮缘刚度较小的情况下，轮缘的变形也会影响齿轮实际位置的偏移，从而影响齿间载荷分配规律的计算。在一对轮齿相啮合时，两个轮齿都要产生变形。两个齿在啮合点上的啮合位置与理论位置的位移量是两个齿在该点变形量的和，这个位移量显然和相应点上两个齿的各自刚度有关。在单位力的作用下，若在某一啮合位置上齿轮 1 的变形总量为 $\Sigma\delta_{n1}$，齿轮 2 的变形总量为 $\Sigma\delta_{n2}$，那么在这个啮合位置上轮齿的刚度为 $c = 1/(\Sigma\delta_{n1} + \Sigma\delta_{n2})$，因此容易得出，在齿轮的整个啮合过程中，相同的变形量（$\Sigma\delta_{n1} = \Sigma\delta_{n2}$）只会出现在某一个固定的啮合位置，在其余所有的啮合位置上，两者都是不相等的。啮合点的位置不同，其刚度就不同，当载荷由两对轮齿承担时，由于啮合线和两对齿廓的交点不同，即力的作用点不同，两对轮齿上相应的刚度也就不同。所以，即使在无误差的齿轮上，载荷也不会等量均匀地分配。

在传动过程中，刚度随着啮合点位置的变动而不断变化，因此齿间载荷分配情况是时刻变化的。其次这种变化的情况随刚度的不同而不同，这些因素除了在DIN3990.1—1987 和 ISO 6636.1—2019 中有所考虑外，在其他的计算方法中基本没有得到反映，即使在 DIN3990.1—1987 和 ISO 6636.1—2019 中考虑的也是平均啮合刚度，并引入节点处的刚度 c'，这并没有反映啮合过程中双对齿啮合区内刚度的变化情况。

对于双模数节点外啮合齿轮副，节点不在啮合线上，而现有的计算公式是利用节点处的刚度来代替平均啮合刚度的，那么现有的公式就不适用于节点外啮合，本章将根据齿轮副啮合过程中的时变刚度求解载荷分配规律。

4.2.2　轮齿误差和外载对载荷分配规律的影响

齿轮副实际啮合过程中，在一对啮合的齿轮上，由于基节偏差的存在，啮合时会有齿对间隙，两对轮齿不会同时进入啮合。根据轮齿是弹性体这一特点，将两对轮齿处理成并联弹簧模型。如图 4-1 所示，F_{AC} 为 A、C 两个相互啮合轮齿所承担的载荷，F_{BD} 为另外一对相互啮合轮齿 B、D 所承担的载荷，由于基节偏差的存在，A、C 这对轮齿首先进入啮合，在载荷的作用下，这对轮

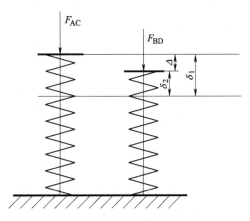

图 4-1　两对轮齿啮合的并联弹簧模型

齿发生变形，当变形量达到基节误差 Δ 时，另外一对轮齿 B、D 进入啮合，此时同时啮合的两对轮齿共同承担全部的载荷。

影响齿轮基节偏差的因素非常多，如齿坯或者刀具轴线的同心度偏差，齿坯心轴或者刀具的跳动量，滚刀的导程和齿距误差，机床的随机振动以及操作人员的水平因素等都会引起基节的偏差。受到载荷作用后，轮齿产生的变形可以补偿啮合间隙带来的影响，随着载荷的增加，补偿量将随之增加，这样啮合间隙的影响就会减小，对载荷分配越有利。在目前的计算方法中，将齿轮载荷看成一个集中载荷，按接触线均匀分配，在所有有关变形和刚度的计算中均采用此方法进行处理。

4.3 双模数外啮合节点外啮合齿间载荷分配计算

对于重合度小于 2 的齿轮副，在啮合过程中将出现单双齿交替啮合现象，轮廓的受力 F_t 简图如图 4-2 所示，在齿轮的单齿啮合区由一对受载轮齿承担所有载荷，在齿轮的双齿啮合区，齿轮副的载荷将由两对轮齿承担，由于两对齿轮副所处的啮合位置不同，载荷在两个轮齿的分配上也就不同。

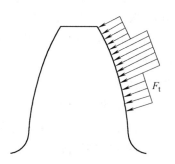

图 4-2　齿廓的受力简图

根据齿轮的刚度及误差可以求解出齿轮副的齿间载荷分配；传动误差 T_D 为齿轮理论传动位置与实际传动位置的差值，假设 α_i 为各个啮合位置的修形量，齿轮的基节偏差 Δf_{pb}、齿向误差 Δf_b 记为 γ_i，i 为啮合齿轮的轮齿对标号，传动误差 T_D 的表达式为：

$$T_D = \frac{F_i}{K_i} + \alpha_i + \gamma_i \tag{4-1}$$

式中，F_i 是第 i 对轮齿承受的载荷（N）；K_i 是第 i 对轮齿的刚度（N/m）。

当齿轮处于双齿啮合区时，在齿轮的接触范围内，参与啮合齿轮的每对轮齿的总变形相等，即：

$$\frac{F_{AC}}{K_{AC}} + \alpha_1 + \gamma_1 = \frac{F_{BD}}{K_{BD}} + \alpha_2 + \gamma_2 \tag{4-2}$$

式中，F_{AC} 和 F_{BD} 分别是两对轮齿之间承受的载荷（N）；K_{AC} 和 K_{BD} 分别是对应啮合区轮齿的啮合刚度（N/m）。

由式（4-2）可得两对轮齿所承受的载荷：

$$F_{AC} = \left[F_t - K_{BD}(\alpha_1 + \gamma_1 - \alpha_2 - \gamma_2) \right] \frac{K_{AC}}{K_{AC} + K_{BD}} \tag{4-3}$$

$$F_{BD} = \left[F_t - K_{AC}(\alpha_2 + \gamma_2 - \alpha_1 - \gamma_1) \right] \frac{K_{BD}}{K_{AC} + K_{BD}} \tag{4-4}$$

载荷由 A、C 和 B、D 两对轮齿分担，其承担载荷分别为 F_{AC} 和 F_{BD}，则有 $F_t = F_{AC} + F_{BD}$；载荷分配率为同时啮合轮齿之间承担载荷的最大值与总载荷的比值：$q_L = \max(F_{AC}, F_{BD})/F_t$。齿轮相啮合作用点的位置不同，两对齿上相应的刚度也不同。

4.3.1　双模数外啮合节点前啮合齿间载荷分配影响分析

利用第 2 章双模数外啮合节点前啮合齿轮副参数的可行区域，保证齿轮副在加工时要避免渐开线齿廓的根切现象，在啮合时要保证过渡曲线不干涉，齿顶厚的限制条件为大于 0.35 倍模数，齿轮副的重合度通常要求大于 1.2 等条件，得出双模数外啮合节点前啮合的齿轮副参数见表 4-1。

表 4-1　双模数外啮合节点前啮合的齿轮副参数

参数	数值	参数	数值	参数	数值	参数	数值
模数 m_1/mm	3.0	齿数 z_1	27	压力角 α_1/(°)	20.2791	z_1 变位系数 x_1	-0.7590
模数 m_2/mm	3.1336	齿数 z_2	32	压力角 α_2/(°)	26.1192	z_2 变位系数 x_2	0.7956

根据双模数外啮合节点前啮合齿轮副的参数选取一组普通齿轮副参数，见表 4-2。

表 4-2　普通齿轮副参数

参数	数值	参数	数值	参数	数值	参数	数值
模数 m_1/mm	3.0	齿数 z_1	27	压力角 α_1/(°)	20.2791	z_1 变位系数 x_1	0
模数 m_2/mm	3.0	齿数 z_2	32	压力角 α_2/(°)	20.2791	z_2 变位系数 x_2	0

采用表 4-1 和表 4-2 中的参数进行建模分析，设定载荷为 1000N，计算齿轮副的齿间载荷分配规律，如图 4-3 所示。

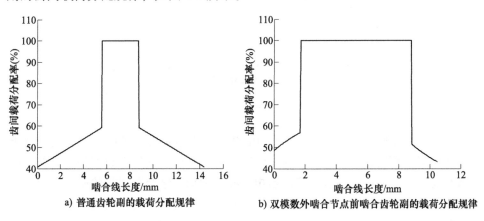

a) 普通齿轮副的载荷分配规律　　　　b) 双模数外啮合节点前啮合齿轮副的载荷分配规律

图 4-3　齿轮副的齿间载荷分配规律

如图 4-3 所示，在啮合线两端的为双齿啮合区，所有的载荷由相互啮合的两对轮齿全部承担，啮合线的中间部分所有载荷由一对轮齿承担，大齿轮齿顶沿啮合线方向最先进入啮合，小齿轮齿顶在啮合线方向最后进入啮合。

如图 4-3a 所示，大齿轮所承担的载荷为 40.75%，小齿轮所承担的载荷为 40.75%。载荷分配率呈现"两边等高"的曲线图。

如图 4-3b 所示,双模数外啮合节点前啮合齿轮副载荷变化规律和普通齿轮有很大的差别,大齿轮和小齿轮的齿顶所承担的载荷明显不同,整体呈现"前高后低"的曲线图;大齿轮在齿顶承受更多的载荷,达 48.53%,小齿轮齿顶受载的比例也有所增加,达 43.1%。尤其在大齿轮的齿顶处于啮合状态时,受到的载荷有很大的增加,这对齿轮强度有比较大的影响。由于重合度的原因,节点前啮合齿轮副单齿受载的时间变长,这就要求提高齿轮的疲劳强度。

双模数外啮合节点前啮合齿轮副,大齿轮齿顶承担的载荷增加,而且比小齿轮齿顶载荷增加的幅度要大很多,所以大齿轮齿顶处于受载的不利点,应当对其进行详细的分析比较。通过改变齿轮变位系数得出不同节点外系数下的齿轮副参数,分析大齿轮齿顶受载的变化情况,如图 4-4 所示。

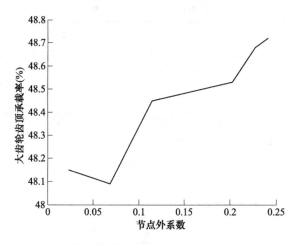

图 4-4   大齿轮齿顶的承载随节点外系数变化的趋势

由图 4-4 可知,大齿轮齿顶所承担的载荷随着节点外系数的增加呈现波动增长趋势,但是幅度很小,涨幅在 1% 左右,这是由于节点外系数增加,参与啮合轮齿的齿廓向上移动,导致了齿顶承担的载荷增加。结合普通齿轮副和节点外啮合齿轮副的载荷分配规律可以看出,在齿轮副的啮合特点由普通啮合转到节点外啮合时,齿顶的载荷变化比较大,而随着节点外系数的增加,齿顶所受载荷的变化幅度很小。大齿轮在齿顶进入啮合时,承受的载荷比普通齿轮副要大很多,而为了实现节点外啮合这一特殊啮合状态,大齿轮发生了比较大的变位,齿顶厚变小,这样在大齿轮齿顶进入啮合时,更容易发生冲击、崩齿等损坏,所以在设计时,应该注意满足大齿轮的强度。

4.3.2　双模数外啮合节点后啮合齿间载荷分配影响分析

利用 1.3.2 节得出的双模数节点后啮合齿轮副参数的可行区域,保证齿轮副正常工作的前提下，在加工时要避免渐开线齿廓的根切现象，在啮合时要保证过渡曲线不干涉，齿顶厚的限制条件为大于 0.35 倍模数，齿轮副的重合度通常要求大于 1.2 等条件，并结合下面的试验要求得出满足条件的齿轮副参数，见表 4-3。

表 4-3　双模数外啮合节点后啮合齿轮副参数

参数	数值	参数	数值	参数	数值	参数	数值
模数 m_1/mm	2.8040	齿数 z_1	30	压力角 $\alpha_1/(°)$	25.8268	z_1 变位系数 x_1	0.7606
模数 m_2/mm	2.6915	齿数 z_2	36	压力角 $\alpha_2/(°)$	20.3259	z_2 变位系数 x_2	-0.6095

同理，得出一组普通齿轮副参数，见表 4-4。

表 4-4　普通齿轮副参数

参数	数值	参数	数值	参数	数值	参数	数值
模数 m_1/mm	2.6915	齿数 z_1	32	压力角 $\alpha_1/(°)$	20.3259	z_1 变位系数 x_1	-0.05
模数 m_2/mm	2.6915	齿数 z_2	36	压力角 $\alpha_2/(°)$	20.3259	z_2 变位系数 x_2	0.046

采用表 4-3 和表 4-4 中的参数进行建模分析，设定载荷为 1000N，计算齿轮副的载荷分配规律，如图 4-5 所示。

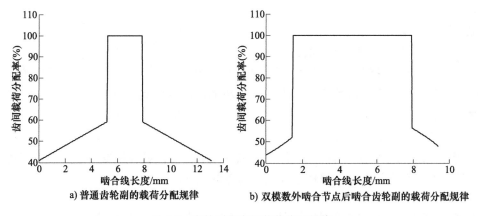

a) 普通齿轮副的载荷分配规律　　　　b) 双模数外啮合节点后啮合齿轮副的载荷分配规律

图 4-5　齿轮副的齿间载荷分配规律

图 4-5a 所示为普通齿轮副的载荷分配规律，载荷的大小随着啮合线的变化而变化，从图像的整体来看，标准齿轮副呈现"两边等高"的曲线图，在一个啮合周期里面，啮合线的起始点对应大齿轮的齿顶进入啮合，终点对应于小齿轮的齿顶进入啮合。起始点和终点承担的载荷大小基本相同，即小齿轮和大齿轮的齿顶所受到的载荷大致相同，都在 41% 左右。在大齿轮齿顶至其单齿啮合区上界点这一段，啮合线大齿轮的受载不断增加，由 41% 增加到 59%；在单齿啮合区，承受全部载荷，随着齿轮的转动，再一次进入双齿啮合区，小齿轮参与啮合的齿

廓由小齿轮单齿啮合区的上界点到其齿顶，在这一段啮合线上小齿轮的受载从59%降到41%。

如图 4-5b 所示，双模数外啮合节点后啮合齿轮副载荷变化规律和普通齿轮有很大的差别，大齿轮和小齿轮的齿顶所承担的载荷明显不同，整体呈现"前低后高"的曲线图；大齿轮齿顶受载的比例也有所增加，达 43.75%，小齿轮在齿顶承受更多的载荷，达 47.83%。尤其在小齿轮的齿顶处于啮合状态时，受到的载荷有很大的增加，这对齿轮的强度有比较大的影响。由于重合度的原因，节点后啮合齿轮副单齿受载的时间变长，这就要求提高齿轮的疲劳强度。

双模数外啮合节点后啮合齿轮副，小齿轮齿顶承担的载荷增加，而且比大齿轮齿顶载荷增加的幅度要大很多，所以小齿轮齿顶处于受载的不利点，应当对其进行详细的分析比较。通过改变齿轮变位系数得出不同节点外系数下的齿轮副参数，分析小齿轮齿顶承载的变化情况，图 4-6 所示。

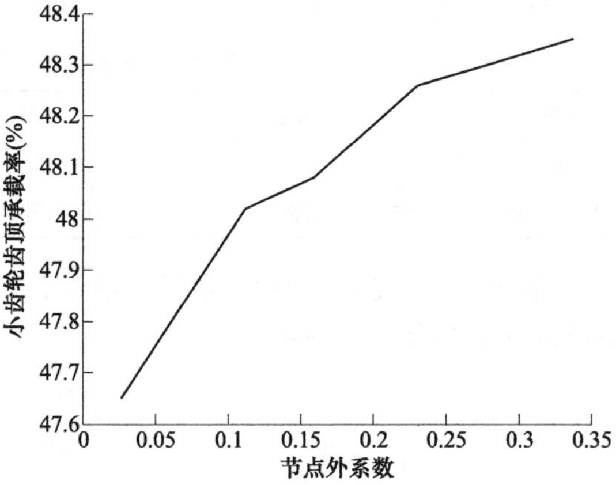

随着节点外系数的增加，小齿轮齿顶所承担的载荷呈现

图 4-6　小齿轮齿顶的承载随节点外系数变化的趋势

微增长的趋势，但是幅度不是很大，在微小的区间内波动，都在 47.6%～48.4% 之间，这是由于节点外系数增加，参与啮合轮齿的齿廓向上移动，导致了齿顶承担的载荷增加；而为了实现节点外啮合这一特殊啮合状态，小齿轮发生了比较大的变位，齿顶厚变小，这样在小齿轮齿顶进入啮合时，更容易发生冲击、崩齿等损坏，所以在设计时，应该注意满足小齿轮的强度。

4.4　双模数内啮合节点外啮合齿间载荷分配计算

内啮合齿轮副齿间载荷分配率的计算方法和外啮合齿轮副的计算方法相同，对于双模数内啮合齿轮副节点外啮合，其载荷分配规律和普通齿轮副也有所区别，本节将分析双模数内啮合节点外啮合的载荷分配规律。

4.4.1　双模数内啮合节点前啮合齿间载荷分配影响分析

利用 1.3.1 节得出的双模数内啮合节点前啮合齿轮副参数的可行区域，保证齿轮副在加工时要避免渐开线齿廓的根切现象，在啮合时要保证过渡曲线不干涉，齿顶厚的限制条件为大于 0.35 倍模数，齿轮副的重合度通常要求大于 1.2 等条件，得出满足条件的齿轮副参数，见表 4-5。

表 4-5　双模数内啮合节点前啮合齿轮副参数

参数	数值	参数	数值	参数	数值	参数	数值
模数 m_1/mm	3	齿数 z_1	25	压力角 α_1/(°)	20	z_1 变位系数 x_1	-0.45
模数 m_2/mm	3.1105	齿数 z_2	81	压力角 α_2/(°)	25	z_2 变位系数 x_2	0.32

同理，得出一组普通齿轮副参数，见表 4-6。

表 4-6　普通齿轮副参数

参数	数值	参数	数值	参数	数值	参数	数值
模数 m_1/mm	3	齿数 z_1	25	压力角 α_1/(°)	20	z_1 变位系数 x_1	0
模数 m_2/mm	3	齿数 z_2	81	压力角 α_2/(°)	20	z_2 变位系数 x_2	0

采用表 4-5 中的参数进行建模分析，根据载荷分配率的计算方法，设定载荷为 1000N，计算齿轮副的载荷分配规律，如图 4-7 所示。

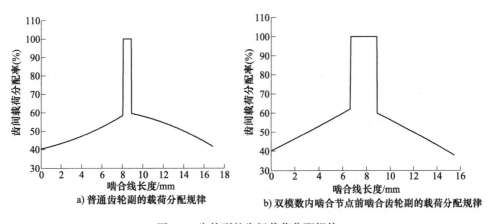

a) 普通齿轮副的载荷分配规律　　b) 双模数内啮合节点前啮合齿轮副的载荷分配规律

图 4-7　齿轮副的齿间载荷分配规律

图 4-7a 所示为普通齿轮副的载荷分配规律，载荷的大小随着啮合线的变化而变化，整体呈现"前低后高"的曲线图，大齿轮齿顶所受的载荷为 40%，小齿轮齿顶所受的载荷有所增加，为 42.56%，这样就使得小齿轮齿顶处于受载不利点。图 4-7b 可以看出，双模数内啮合节点前啮合齿轮副的齿间载荷分配率，整体呈现"前高后低"的曲线图，大齿轮齿顶所受的载荷为 40%，而小齿轮齿顶所受的载荷降为 37.85%，相比于普通齿轮副，大齿轮齿顶所受的载荷不变，而对于小齿轮，其齿顶所受的载荷有大幅的降低，这将有益于小齿轮的寿命，减缓进入啮合时的冲击。

对于双模数内啮合齿轮副
节点前啮合，其小轮齿顶所受
的载荷降低了4%左右，下面分
析节点外系数对小齿轮齿顶承
载率的影响，如图4-8所示。

由图 4-8 可知，随着节点
外系数的增加，小齿轮齿顶受
载总体呈现波动降低的趋势，
但是变化量很小，在1%左右。
对于双模数内啮合节点前啮合
齿轮副，由于压力角和变位系
数的改变，使得两个齿轮的相
对刚度发生很大的变化，小齿

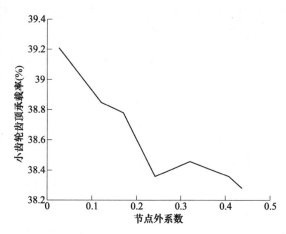

图 4-8 小齿轮齿顶的承载随节点外系数变化的趋势

轮齿顶的刚度相对减小，从普通啮合齿轮副到节点前啮合齿轮副，小齿轮齿顶所
承受的载荷有大幅度的降低。这对齿轮副的啮合有积极的影响，可以相应地增加
小齿轮的寿命，减小其啮入冲击以及崩齿等损坏。

4.4.2 双模数内啮合节点后啮合齿间载荷分配影响分析

利用4.4.1节中选取双模数节点后啮合齿轮副参数的方法，在加工时要避免
渐开线齿廓的根切现象，在啮合时要保证过渡曲线不干涉，齿顶厚的限制条件为
大于0.35倍模数，齿轮副的重合度通常要求大于1.2等条件，保证齿轮副正常
工作的前提下，得出双模数内啮合节点后啮合齿轮副参数见表4-7。

表4-7 双模数内啮合节点后啮合齿轮副参数

参数	数值	参数	数值	参数	数值	参数	数值
模数 m_1/mm	2.6269	齿数 z_1	25	压力角 α_1/(°)	25	z_1变位系数 x_1	0.7754
模数 m_2/mm	2.5732	齿数 z_2	81	压力角 α_2/(°)	22.2996	z_2变位系数 x_2	1

根据双模数内啮合节点后啮合齿轮副参数，得出一组普通齿轮副参数，
见表4-8。

表4-8 普通齿轮副参数

参数	数值	参数	数值	参数	数值	参数	数值
模数 m_1/mm	2.5732	齿数 z_1	25	压力角 α_1/(°)	22.2996	z_1变位系数 x_1	-0.1
模数 m_2/mm	2.5732	齿数 z_2	81	压力角 α_2/(°)	22.2996	z_2变位系数 x_2	0

采用表4-7和表4-8中的参数进行建模分析，根据载荷分配率的计算方法，

设定载荷为 1000N·m，计算齿轮副的载荷分配规律，如图 4-9 所示。

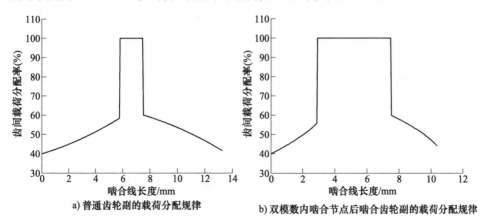

a) 普通齿轮副的载荷分配规律　　　　b) 双模数内啮合节点后啮合齿轮副的载荷分配规律

图 4-9　齿轮副的齿间载荷分配规律

对于内啮合普通齿轮副，其载荷分配率如图 4-9a 所示，在齿轮副啮合过程中，大齿轮齿顶承担的载荷在 40% 左右，而小齿轮齿顶所承担的载荷在 42% 左右，在单齿啮合区的上界点承担的载荷则分别在 60% 和 58% 左右，这和外啮合齿轮副的载荷分配规律大致相同。对于双模数内啮合节点后啮合齿轮副来说，大齿轮齿顶承担的载荷和普通齿轮副一样，为 40%，在小齿轮齿顶进入啮合时，所承担的载荷相对于普通齿轮副来说有所增加，承担的载荷增加到 44.12%，整体呈现

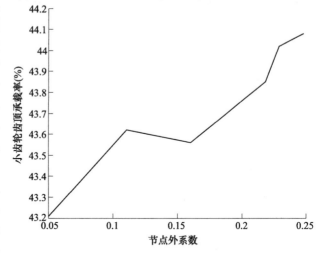

图 4-10　小齿轮齿顶的承载随节点外系数变化的趋势

"前低后高"的曲线图，如图 4-9b 所示。载荷的增加会使小齿轮的齿顶在进入啮合时冲击增大；所以需要注意小齿轮的齿顶强度安全，要求满足小齿轮的强度设计。

双模数内啮合齿轮副节点后啮合，小齿轮齿顶承担的载荷增加，小齿轮齿顶处于受载的不利点，应当对其进行详细的分析比较。下面分析节点外系数对载荷分配规律的影响，如图 4-10 所示。

随着节点外系数的增加，小齿轮齿顶所承担的载荷呈现波动增长的趋势，但是幅度不是很大，在微小的区间内波动，这是由于节点外系数增加，参与啮合齿轮的齿廓向上移动，导致了齿顶承担的载荷增加；而为了实现节点外啮合这一特殊啮合状态，小齿轮采用较大的压力角和变位系数，齿顶厚变小，这样在小齿轮齿顶进入啮合时，更容易发生冲击、崩齿等损坏，所以在设计时，应该注意满足小齿轮的强度。

本章小结

本章根据 1~3 章实现双模数节点外啮合的方法并结合具体试验，得出了双模数节点外啮合的四种啮合情况下的齿轮副参数，给出了计算双模数节点外啮合齿轮副齿间载荷分配率的定义和计算方法。分别分析计算了这四种情况下齿轮副的载荷分配规律，与普通齿轮副的载荷分配规律做比较，得出了双模数节点外啮合齿轮副在齿顶啮合时载荷会发生变化，并根据啮合情况的不同分析产生这种变化的原因，需要注意齿轮的齿顶强度安全，要求满足齿轮的强度设计，齿轮的齿顶厚需要满足齿顶不变尖的条件，以免发生崩齿等损坏形式。

第 5 章

双模数节点外啮合齿轮副齿间载荷分配规律试验验证

5.1 引言

随着技术发展，齿轮承受的载荷越来越大，齿轮的轮齿折断问题越来越突出，齿间载荷分配问题对齿根弯曲强度具有很大的影响。对于双模数节点外啮合齿轮副，两个齿轮都采用不同的压力角和较大的变位系数，故需要研究其齿间载荷分配规律。在第 4 章，已经从理论分析了双模数节点外啮合齿轮副的载荷分配规律，并和普通齿轮副的齿间载荷分配做比较，本章将通过测量齿轮在全齿状态下的齿根弯曲应力和切齿状态下的齿根弯曲应力，得出齿间载荷分配的情况，验证理论分析得出的结论。

5.2 双模数节点外啮合齿轮齿根弯曲应力分析

轮齿危险截面即齿根弯曲应力最大的位置，其确定方法有多种。比如，Lewis 提出的内切抛物线法，采用此方法计算的危险截面位置随着载荷作用点位置的变化而改变，计算较为复杂；Hofer 提出的 30°切线法，即连接和齿廓对称中线成 30°且与齿根圆角相切直线切点的平面作为齿根弯曲应力的最大位置，该方法反映了实际轮齿在相对情况下的几何最大应力，与载荷作用点的位置无关，计算公式较为简单。此外，30°切线法经过了大量光弹试验验证，国标和 ISO 标准均采用了该方法确定齿轮的危险截面。研究双模数节点外啮合齿轮齿根弯曲应力时，同样采用 30°切线法确定齿轮危险截面的位置。最后通过 ANSYS 分析齿轮的齿根弯曲应力，验证齿根处最大弯曲应力的位置和数值。

5.2.1 双模数节点外啮合齿轮齿根弯曲应力基本值的计算

在计算齿轮的最大齿根弯曲应力基本值时，关键是正确地求解齿形系数。ISO 和国标中齿形系数计算方法有两种：全载区齿形系数和半载区齿形系数。前者称为"B 法"，采用单齿啮合区的上界点作为危险加载点；后者称为"C 法"，采用齿顶作为危险加载点。和 C 法相比较，B 法计算齿根弯曲应力具有较高的计算精度。本节根据齿轮副在两种状态下的啮合情况，分别计算出全载区和半载区的齿形系数，计算齿轮的齿根弯曲应力数值。

假设齿轮的法向载荷 F_{bn} 沿着齿宽的方向均匀分布，轮齿受力如图 5-1 所示，图中点 K 为载荷 F_{bn} 与齿厚中心线的交点。危险截面将受到载荷 F_{bn} 的水平分力和竖直分力的作用，如图 5-2 所示，危险截面受到弯曲应力 σ_{wn}、剪切应力 τ_n 和压应力 σ_{cn} 的作用。

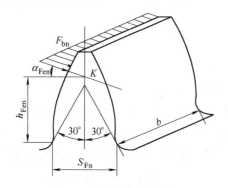

图 5-1　齿根弯曲应力分析

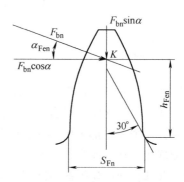

图 5-2　齿轮啮合位置计算参数

齿根危险截面处的弯曲应力 σ_{wn} 为：

$$\sigma_{wn} = \frac{h_{Fen}F_{bn}\cos\alpha_{Fen}}{\dfrac{bS_{Fn}^2\cos\alpha}{6}} \tag{5-1}$$

齿根危险截面处的压应力 σ_{cn} 为：

$$\sigma_{cn} = \frac{F_{bn}\sin\alpha_{Fen}}{bS_{Fn}\cos\alpha} \tag{5-2}$$

齿根危险截面处的剪切应力 τ_n 为：

$$\tau_n = \frac{F_{bn}\cos\alpha_{Fen}}{bS_{Fn}\cos\alpha} \tag{5-3}$$

式中，h_{Fen} 是齿轮加载界点位置的弯曲力臂（mm）；α 是压力角（rad）；b 是齿宽（mm）；S_{Fn} 是危险截面的齿厚（mm）；α_{Fen} 是单对齿啮合区上界点处的法向载荷作用角（rad）。

引入齿轮界点处齿形系数 Y_{Fn}，其定义为：考察当载荷作用在单齿啮合区的上界点时，齿轮形状对名义弯曲应力的基本数值影响的系数。

$$Y_{\mathrm{Fn}} = \dfrac{6\left(\dfrac{h_{\mathrm{Fen}}}{m}\right)\cos\alpha_{\mathrm{Fen}}}{\left(\dfrac{S_{\mathrm{Fn}}}{m}\right)^{2}\cos\alpha} \tag{5-4}$$

则齿根弯曲应力的公式（5-1）可以简化为：

$$\sigma_{\mathrm{wn}} = \frac{F_{\mathrm{bn}}}{bm}Y_{\mathrm{Fn}} \tag{5-5}$$

采用不同的标准计算齿根弯曲强度时，考虑的应力类型不一样，计算公式不尽相同。ISO 标准仅考虑了齿根的弯曲应力，AGMA 标准考虑了弯曲应力以及压应力的影响，G Niemanm 将弯曲应力、剪切应力和压应力都考虑进去了。其中 G Niemanm 方法最为准确，但其计算复杂。ISO 标准采用引入相关的应力修正系数改进其计算结果，在研究双模数节点外啮合齿轮齿根弯曲应力计算时，参照 GB/T 3480.1—2019，引入界点处应力修正系数 Y_{s}：

$$Y_{\mathrm{s}} = (1.2 + 0.13L)q_{\mathrm{s}}^{\frac{1}{1.21+2.3/L}} \tag{5-6}$$

式中，$L = S_{\mathrm{Fn}}/h_{\mathrm{Fen}}$；$q_{\mathrm{s}} = S_{\mathrm{Fn}}/2\rho_{\mathrm{f}}$，$\rho_{\mathrm{f}}$ 是危险点处的曲率半径。

因此，双模数节点外啮合齿轮副的齿根弯曲应力计算公式为：

$$\sigma_{\mathrm{F0}} = \frac{F_{\mathrm{bn}}}{bm}Y_{\mathrm{Fn}}Y_{\mathrm{s}} \tag{5-7}$$

以表 4-3 中的齿轮副参数为算例，并结合实际试验中所施加的载荷，计算齿根弯曲应力。双模数外啮合节点后啮合的齿根弯曲应力见表 5-1。

表 5-1　外啮合节点后啮合的齿根弯曲应力

载荷/N·m	135.3	183.4	239.3	302.0	372.6
小齿轮弯曲应力/MPa	170.76	231.47	302.03	381.17	470.28
大齿轮弯曲应力/MPa	238.82	323.73	422.40	533.07	657.68

以表 4-4 中的齿轮副参数为算例，并结合实际试验中所施加的载荷，计算普通齿轮副的齿根弯曲应力见表 5-2。

表 5-2　普通齿轮副的齿根弯曲应力

载荷/N·m	135.3	183.4	239.3	302.0	372.6
小齿轮弯曲应力/MPa	157.01	212.83	277.71	350.47	432.40
大齿轮弯曲应力/MPa	153.47	208.04	271.45	342.57	422.65

将大齿轮切齿处理后，进行切齿试验，在整个啮合过程中，所有载荷都由单对轮齿独自承担。在齿顶进入啮合时弯曲力臂最大，故此时的齿根弯曲应力处于

最大状态，即采用"C法"计算齿形系数，齿顶部分为危险加载点，将式（5-4）中单齿啮合区上界点处的法向载荷作用角 α_{Fen} 改为齿顶法向载荷作用角 α_{Fan}，把全部载荷作用于单齿啮合区上界点的弯曲力臂 h_{Fen} 改为齿顶承载全部载荷时的弯曲力臂 h_{Fan}，即得出齿形系数 Y_{Fa} 的公式为：

$$Y_{\text{Fa}} = \frac{6\left(\dfrac{h_{\text{Fan}}}{m}\right)\cos\alpha_{\text{Fan}}}{\left(\dfrac{S_{\text{Fn}}}{m}\right)^2\cos\alpha} \tag{5-8}$$

相应的，齿顶处应力修正系数为：

$$Y_{sa} = (1.2 + 0.13L_a)q_s^{\frac{1}{1.21+2.3/L_a}} \tag{5-9}$$

式中，$L_a = S_{\text{Fn}}/h_{\text{Fan}}$；$q_s = S_{\text{Fn}}/2\rho_f$，$\rho_f$ 是危险点处的曲率半径（mm）。

因此，双模数节点外啮合齿轮副在切齿状态下的齿根弯曲应力 σ_{Fa} 公式为：

$$\sigma_{\text{Fa}} = \frac{F_{\text{bn}}}{bm}Y_{\text{Fa}}Y_{sa} \tag{5-10}$$

齿顶承受全部载荷时，双模数外啮合节点后啮合的齿根弯曲应力理论计算得出的结果见表 5-3。

表 5-3　齿顶全载时节点后啮合齿根的弯曲应力

载荷/N·m	135.3	183.4	239.3	302.0	372.6
小齿轮弯曲应力/MPa	196.95	266.96	348.33	439.60	542.37
大齿轮弯曲应力/MPa	266.35	361.04	471.08	594.51	733.49

齿顶承受全部载荷时，普通齿轮副的齿根弯曲应力见表 5-4。

表 5-4　齿顶全载时普通齿轮副的齿根弯曲应力

载荷/N·m	135.3	183.4	239.3	302.0	372.6
小齿轮弯曲应力/MPa	238.04	322.67	421.01	531.12	655.54
大齿轮弯曲应力/MPa	232.97	315.97	412.05	520.01	641.57

5.2.2　齿根弯曲应力的有限元分析

根据上节分析可得，为计算齿间载荷分配系数，通过测量全齿和切齿状态下齿根的弯曲应力，然后做除法运算即可。本节采用粘贴应变片的方法来测量齿轮副齿根处的弯曲应力，但在贴片之前，需分析齿根处弯曲应力的大致范围和最大应力应变的位置，采用有限元仿真分析齿根弯曲应力，为合理选择应变片量程和贴片的位置提供参考。

采用表 4-3 中的齿轮副参数，在 Pro/E 中建立外啮合齿轮 z_1 和 z_2 三维模型，将得到的模型导入 ANSYS Workbench 中生成有限元仿真计算模型，用于齿根处弯曲应力的简单分析计算。将网格划分成平面三角形网格，并对相互啮合的轮齿进行网格细化。通过对网格尺寸不断的细化，计算不同网格尺寸下的齿根弯曲应力，直到得出的齿根弯曲应力收敛为止，划分后网格的模型如图 5-3 所示，其中该模型共有 676087 个 Nodes，426106 个 Elements。外啮合弯曲应力计算加载方式如图 5-4 所示，小齿轮添加约束后仅剩余围绕全局坐标系 Z 轴方向的转动自由度，大齿轮采用固定约束，将齿轮副所加的载荷平均分成两份施加在小齿轮轴端面的两端，并根据啮合原理对相互啮合的齿面采用不分离约束的方法，计算小齿轮和大齿轮齿顶进入啮合时，齿根弯曲应力的大小，如图 5-5 和图 5-6 所示。

图 5-3　划分网格后的模型

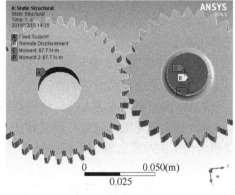

图 5-4　外啮合弯曲应力计算加载方式

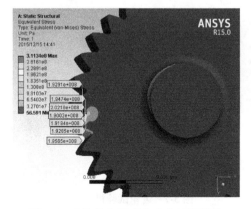

图 5-5　小齿轮齿根弯曲应力计算结果

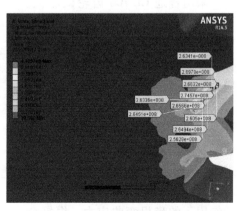

图 5-6　大齿轮齿根弯曲应力计算结果

由图 5-5 和图 5-6 可知,在齿根过渡圆弧位置处出现齿根弯曲应力的最大值,同利用30°切线法所确定弯曲应力最大值的位置相吻合,在后续的试验中可以利用30°切线法确定应变片的粘贴位置。对于切齿后的齿轮副,齿顶在进入啮合时承受全载,故在有限元中分析全部载荷作用于齿顶时的齿根弯曲应力,以验证理论计算的正确性。将计算所得双模数外啮合齿轮副节点后啮合的齿根弯曲应力汇总于表 5-5 中。

表 5-5 齿顶受全载时节点后啮合齿轮副的齿根弯曲应力

载荷/N·m	135.3	183.4	239.3	302.0	372.6
小齿轮弯曲应力/MPa	202.18	277.63	346.78	452.31	553.12
大齿轮弯曲应力/MPa	274.57	371.87	490.86	602.34	752.36

将有限元计算的齿根弯曲应力和理论计算的齿根弯曲应力做比较,二者得出的计算结果相差在6%以内,双模数节点外啮合齿轮副齿根弯曲应力的计算公式准确度高。

通过对齿轮副的有限元理论分析,完成了以下工作。

1)确定了危险截面的位置。

2)根据齿根弯曲应力的范围选取适合的应变片。

3)相比于受压,应变片对受拉更为敏感,根据有限元分析,确定了给定电动机转向下的拉压齿廓面,以保证在试验贴片时将应变片贴在受拉齿廓面上。

5.3 齿轮的齿根弯曲应力试验

采用普通 CL-100 齿轮试验机,如图 5-7 所示,测量不同加载位置下齿轮的齿根弯曲应力,得到节点外啮合齿轮和普通齿轮的齿根弯曲应力随转动角度的变化值,然后对齿轮副进行切齿,测量在切齿状态下齿根弯曲应力随转动角度的变化值,对齿根弯曲应力理论计算结果进行验证。分别测量两对轮齿和单对轮齿在相同载荷作用点、相同载荷作用下的齿根弯曲应力。根据全

图 5-7 齿轮试验机

齿和切齿状态下的齿根弯曲应力分析载荷分配率,验证双模数节点外啮合齿轮副的齿间载荷分配率理论计算的准确性。

5.3.1　齿轮弯曲应力试验方案设计

根据齿轮试验机的安装要求，即中心距为 91.5mm，在此限定条件下结合双模数外啮合节点后啮合的可行区域，优化出满足条件的齿轮副参数，见表 4-3，对照组普通齿轮副的参数见表 4-4。

试验所用测量应力的应变片采用中航电测仪器股份有限公司生产的电阻应变片，型号为 ZF120-07AA。信号采集仪用 DH5920 动态信号采集仪。每组试验，加载载荷根据现有的砝码分成五个试验等级，见表 5-6。试验在室温下进行，加载载荷误差应当符合 GB/T 14230—1993，误差不大于 5%。

表 5-6　试验机载荷等级

载荷级别（试验机标准载荷）	6	7	8	9	10
小齿轮加载载荷/N·m	135.3	183.4	239.3	302.0	372.6

试验齿轮在润滑良好、转速 1500r/min、载荷 183.4N·m 的条件下，运行磨合 2h 后，清洗、打磨齿轮。在齿根过渡曲线 30°切线位置处粘贴应变片，如图 5-8 所示。在试验的具体操作过程中，30°切线的位置通过齿顶到齿根的距离确定，全部粘贴位置参数见表 5-7。采用加载杆和砝码对疲劳试验机施加载荷。加载完毕后，将加载离合器锁紧，利用杠杆转动试验机的刚性轴，使被测轮齿进入啮合，直至退出啮合，同时记录试验过程中的齿根弯曲应力。

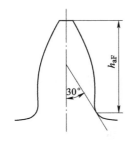

图 5-8　试验齿轮应变片粘贴位置

表 5-7　试验齿轮电阻应变片粘贴位置

齿轮	距齿顶高度（小齿轮）/mm	距齿顶高度（大齿轮）/mm
标准	4.5	4.91
节点外	5.46	3.94

加工好的试验齿轮副，在跑合后，经过清洗、打磨、贴片和绝缘处理后如图 5-9 所示，试验现场如图 5-10 所示。

5.3.2　齿轮齿根弯曲应力基本值试验结果

利用加载杆和不同级别的加载砝码对齿轮副施加不同的载荷，测量普通齿轮副和双模数外啮合节点后啮合齿轮副的齿根弯曲应力随转动时间变化的曲线。

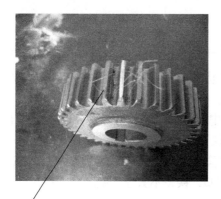

应变片

图 5-9　完成贴片后的试验齿轮副

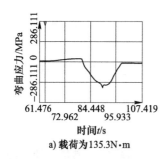

齿轮试验机

信号采集仪

图 5-10　齿轮齿根弯曲应力试验现场

1. 普通齿轮副的齿根弯曲应力试验结果

普通齿轮副的小齿轮在不同载荷下随转动时间变化的齿根弯曲应力曲线
如图 5-11 所示。

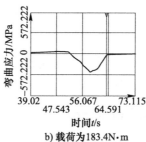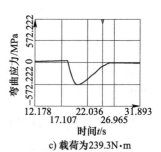

图 5-11　普通齿轮副的小齿轮在不同载荷下随转动时间变化的齿根弯曲应力曲线

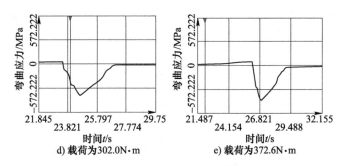

图 5-11　普通齿轮副的小齿轮在不同载荷下随转动时间变化的齿根弯曲应力曲线（续）

普通齿轮副的大齿轮在不同载荷下随转动时间变化的齿根弯曲应力曲线如图 5-12所示。

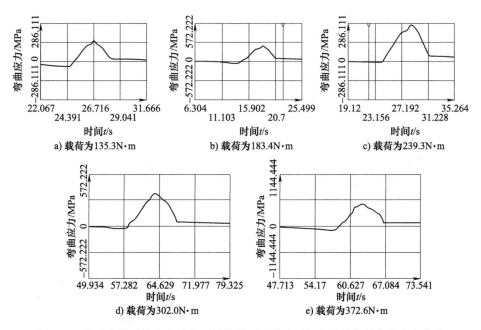

图 5-12　普通齿轮副的大齿轮在不同载荷下随转动时间变化的齿根弯曲应力曲线

将试验测得的齿根弯曲应力结果汇总于表 5-8。

表 5-8　试验测得的齿根弯曲应力

载荷/N·m	134.81	183.22	239.28	301.73	371.06
小齿轮弯曲应力/MPa	176.32	225.24	295.42	375.18	441.75
大齿轮弯曲应力/MPa	150.95	211.37	270.19	354.86	462.77

小齿轮和大齿轮的试验和理论所得齿根弯曲应力试验值和理论值对比如图 5-13 所示。

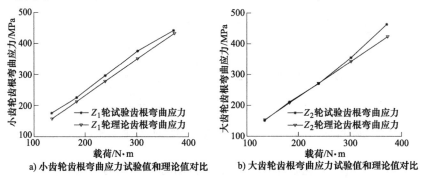

a) 小齿轮齿根弯曲应力试验值和理论值对比   b) 大齿轮齿根弯曲应力试验值和理论值对比

图 5-13   普通齿轮副齿根弯曲应力试验值和理论值对比

由图 5-13 可知，在不同级别载荷的作用下，普通齿轮副齿根弯曲应力的试验值和理论值十分接近，整个应力图线的趋势也呈现随载荷增加而增加的趋势，只有大齿轮的齿根弯曲应力在载荷为 372.6N·m 时误差最大达到 8%，其余的误差范围都在 5% 以内。由此可见，普通齿轮副的齿根弯曲应力试验所测得的数据准确度较高。

将普通齿轮副进行切齿处理，把切齿后的齿轮副安装在试验台上，施加载荷，重复上述试验步骤，得出切齿后的小齿轮在不同载荷下随转动时间变化的齿根弯曲应力曲线，如图 5-14 所示。

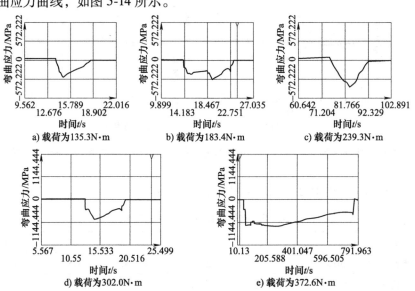

a) 载荷为135.3N·m   b) 载荷为183.4N·m   c) 载荷为239.3N·m

d) 载荷为302.0N·m   e) 载荷为372.6N·m

图 5-14   切齿后普通齿轮副的小齿轮在不同载荷下随转动时间变化的齿根弯曲应力曲线

试验测得切齿后的大齿轮在不同载荷下随转动时间变化的齿根弯曲应力曲线，如图 5-15 所示。

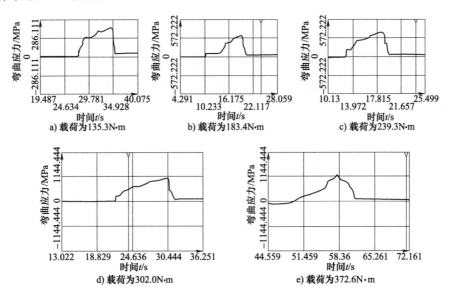

图 5-15　切齿后普通齿轮副的大齿轮在不同载荷下随转动时间变化的齿根弯曲应力曲线

将试验测得的切齿后普通齿轮齿根弯曲应力结果汇总于表 5-9。

表 5-9　试验测得的切齿后普通齿轮齿根弯曲应力

载荷/N·m	135.28	183.32	238.9	300.75	369.24
小齿轮弯曲应力/MPa	271.32	299.25	408.43	512.58	652.71
大齿轮弯曲应力/MPa	218.43	315.59	374.35	525.08	610.58

切齿后，普通齿轮副齿根弯曲应力试验值和理论值对比如图 5-16 所示。

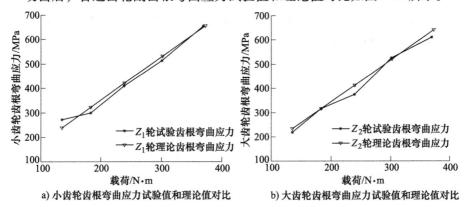

图 5-16　切齿后普通齿轮副齿根弯曲应力试验值和理论值对比

由图 5-16 可知，在不同的载荷作用下，普通齿轮副在齿根处弯曲应力的试验值和理论值十分接近，整个应力图线的趋势也呈现随载荷增加而增加的趋势，其误差范围都在 5%以内。由此可见，普通齿轮副的齿根弯曲应力试验所测得的数据准确度较高。

2. 双模数外啮合节点后啮合齿轮副的齿根弯曲应力试验结果

图 5-17 为双模数外啮合节点后啮合齿轮副的小齿轮在不同载荷下随转动时间变化的齿根弯曲应力曲线。

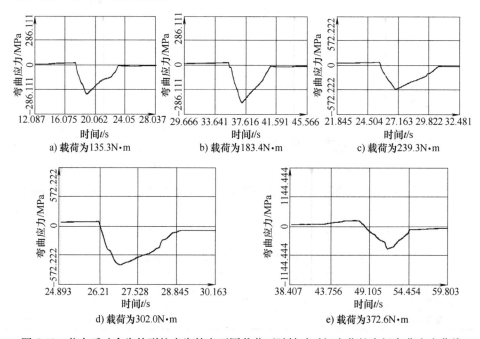

图 5-17　节点后啮合齿轮副的小齿轮在不同载荷下随转动时间变化的齿根弯曲应力曲线

图 5-18 为双模数外啮合节点后啮合齿轮副的大齿轮在不同载荷下随转动时间变化的齿根弯曲应力曲线。

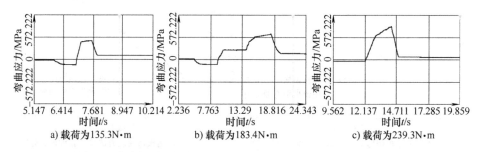

图 5-18　节点后啮合齿轮副的大齿轮在不同载荷下随转动时间变化的齿根弯曲应力曲线

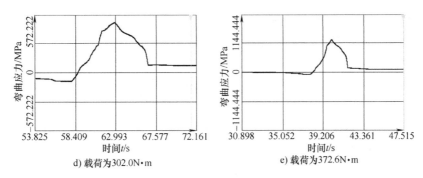

d) 载荷为302.0N·m　　　　　e) 载荷为372.6N·m

图 5-18　节点后啮合齿轮副的大齿轮在不同载荷下随转动
时间变化的齿根弯曲应力曲线（续）

双模数外啮合节点后啮合齿轮副的齿根弯曲应力汇总于表5-10。

表 5-10　节点后啮合齿轮副的齿根弯曲应力

载荷/N·m	135.25	183.35	239.23	301.3	370.0
小齿轮弯曲应力/MPa	174.63	222.13	295.48	390.62	436.26
大齿轮弯曲应力/MPa	229.12	318.74	426.17	508.46	646.14

双模数外啮合节点后啮合齿轮副齿根弯曲应力试验值和理论值对比，如图 5-19所示。

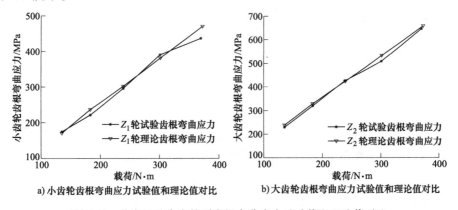

a) 小齿轮齿根弯曲应力试验值和理论值对比　　b) 大齿轮齿根弯曲应力试验值和理论值对比

图 5-19　节点后啮合齿轮副齿根弯曲应力试验值和理论值对比

由图 5-19 可知，在不同的载荷作用下，双模数节点后啮合齿轮副在齿根处弯曲应力的试验值和理论值十分接近，整个应力图线的趋势也呈现随载荷增加而增加的趋势，只有小齿轮的齿根弯曲应力在载荷为 372.6N·m 时误差最大达到7.2%，其余的误差范围都在 5%以内。由此可见，试验数据和理论数据高度吻合，证明了双模数节点外啮合齿轮副齿根弯曲应力公式的正确性和准确性。

切齿状态下双模数节点外啮合齿轮副小齿轮在不同载荷下随转动时间变化的

齿根弯曲应力曲线，如图 5-20 所示。

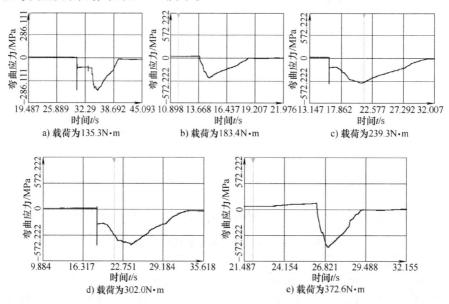

图 5-20　切齿后节点外啮合齿轮副的小齿轮在不同载荷下随转动时间变化的齿根弯曲应力曲线

切齿状态下双模数节点外啮合齿轮副大齿轮在不同载荷下随转动时间变化的齿根弯曲应力曲线，如图 5-21 所示。

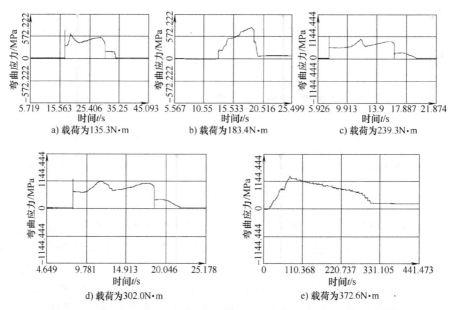

图 5-21　切齿后节点外啮合齿轮副的大齿轮在不同载荷下随转动时间变化的齿根弯曲应力曲线

切齿后外啮合节点后啮合齿轮副的齿根弯曲应力试验结果汇总于表 5-11。

表 5-11　切齿后外啮合节点后啮合齿轮副的齿根弯曲应力

载荷/N·m	135.0	183.3	239.2	301.7	371.45
小齿轮弯曲应力/MPa	206.33	258.38	329.84	395.93	498.43
大齿轮弯曲应力/MPa	302.25	372.24	477.02	553.24	655.78

测得弯曲应力的试验值和理论值对比如图 5-22 所示。

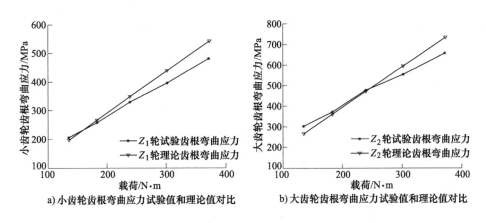

a) 小齿轮齿根弯曲应力试验值和理论值对比　　b) 大齿轮齿根弯曲应力试验值和理论值对比

图 5-22　切齿节点后啮合齿轮副齿根弯曲应力试验值和理论值对比

由图 5-22 可知，对于切齿后的双模数外啮合齿轮副节点后啮合，在不同的载荷下，试验结果和理论计算结果总体呈现相同的曲线趋势，只有小轮的齿根弯曲应力在载荷为 372.6N·m 时误差最大达到 10%，满足试验要求。由此可见，试验数据和理论数据的吻合度较高。

5.4　齿轮副的齿间载荷分配规律试验

5.4.1　普通齿轮副的齿间载荷分配规律试验

将齿轮进行切齿处理，就可以得到在整个啮合过程中只有一对轮齿始终承受全部载荷的啮合状态，通过测量齿轮副在运转过程中各个位置的齿根弯曲应力，把全齿状态下的弯曲应力和切齿状态下的弯曲应力进行分析比较，即可得出随着啮合线变化的齿间载荷分配规律。

选取 8 级载荷下试验测得的齿根弯曲应力分析计算齿间载荷分配规律，普通齿轮副小齿轮的齿根弯曲应力随转动时间啮合转角的变化曲线如图 5-23 所示。

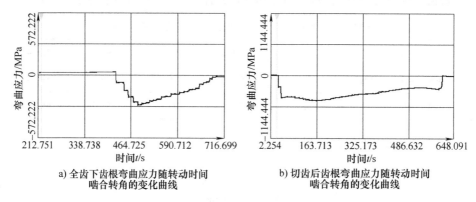

a) 全齿下齿根弯曲应力随转动时间
啮合转角的变化曲线

b) 切齿后齿根弯曲应力随转动时间
啮合转角的变化曲线

图 5-23　普通齿轮副小齿轮的齿根弯曲应力随转动时间啮合转角的变化曲线

普通齿轮副全齿状态下小齿轮弯曲应力随转动时间啮合转角的变化值汇总于表 5-12。

表 5-12　小齿轮弯曲应力随转动时间啮合转角的变化值

转角/(°)	弯曲应力/MPa	转角/(°)	弯曲应力/MPa	转角/(°)	弯曲应力/MPa
0	42.8	6.2	242.9	12.9	128.8
0.4	51.6	6.5	248.9	13.2	125.2
1.2	122.5	6.7	260.2	13.7	110.3
1.8	136.7	7.0	292.0	14.1	103.1
3.1	143.2	7.3	285.7	14.4	92.9
3.5	152.3	7.6	276.4	14.9	83.6
3.7	156.2	7.9	269.3	15.3	78.4
4.0	162.3	8.3	259.9	15.5	72.5
4.4	183.3	8.6	252.8	16.2	60.5
4.6	195.7	9.0	250.6	16.7	46.5
4.8	214.5	9.3	249.7	17.3	42.4
5.1	223.4	9.6	199.6	17.6	32.9
5.4	226.8	11.4	163.2	18.0	21.8
5.6	233.1	11.9	144.4	18.6	19.5
5.9	235.6	12.5	144.3	18.9	0

普通齿轮副切齿后的小齿轮弯曲应力随转动时间啮合转角的变化值汇总于表 5-13。

表 5-13　切齿后小齿轮弯曲应力随转动时间啮合转角的变化值

转角/(°)	弯曲应力/MPa	转角/(°)	弯曲应力/MPa	转角/(°)	弯曲应力/MPa
0	228.6	7.1	323.9	13.1	219.7
0.5	442.5	7.4	315.7	13.5	219.6
1.0	429.3	7.7	304.9	13.9	215.2
1.8	416.2	8.4	296.9	14.3	213.6
2.2	395.4	8.7	287.9	14.6	209.2
2.6	390.6	9.3	273.8	15.0	196.5
3.2	381.2	10.1	267.7	15.8	192.3
3.5	368.6	10.6	257.0	16.1	188.6
4.7	359.7	11.0	244.7	16.4	169.8
5.1	347.2	11.3	236.8	17.0	143.6
5.7	342.9	11.7	234.3	17.6	138.2
6.1	340.5	12.0	230.8	18.2	115.2
6.4	338.7	12.4	226.9	18.7	106.3
6.6	333.1	12.7	221.8	19.3	56.2

　　首先计算出普通齿轮副运转过程中一个轮齿在参与啮合过程中所转过的角度，并根据重合度得出相应的单齿啮合区上界点和单齿啮合区下界点，把齿轮副的齿根弯曲应力和转动角度一一对应起来，通过非线性拟合的方法，将离散的点拟合成弯曲应力关于转角的曲线，并通过修改拟合曲线的次方，得出拟合曲线和原来曲线最相近的一组，把得出的曲线再按转角离散成多份，这样就可以得出全齿状态和切齿状态下对应于相同转角的齿根弯曲应力，利用全齿状态下的弯曲应力除以切齿状态下的弯曲应力就可以得出普通齿轮副的齿间载荷分配规律，如图 5-24 所示。

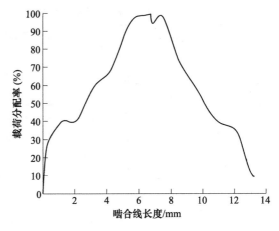

图 5-24　普通齿轮副的齿间载荷分配规律

　　根据试验测得的齿根弯曲应力计算得出的齿间载荷分配规律，在单齿啮合区的齿轮承担了全部载荷，在双齿啮合区，大齿轮和小齿轮在齿顶处所承担的载荷皆为 40% 左右，曲线两边呈现"两边等高"的状态，试验所得结果和理论所得结果非常吻合。可以得出试验结果的可靠性和理论计算的正确性，并为双模数外啮合节点后啮合齿轮副的试验提供了可靠依据。

5.4.2 双模数节点外啮合的齿间载荷分配规律试验

选取 8 级载荷下的齿根弯曲应力分析计算齿间载荷分配规律，双模数节点外啮合小齿轮齿根弯曲应力随转动时间啮合转角的变化曲线如图 5-25 所示。

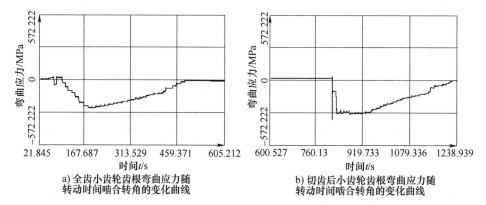

a) 全齿小齿轮齿根弯曲应力随
转动时间啮合转角的变化曲线

b) 切齿后小齿轮齿根弯曲应力随
转动时间啮合转角的变化曲线

图 5-25　双模数节点外啮合小齿轮齿根弯曲应力随转动时间啮合转角的变化曲线

全齿状态下小齿轮弯曲应力随转角的变化值汇总于表 5-14。

表 5-14　小齿轮弯曲应力随转角的变化值

转角/(°)	弯曲应力 /MPa	转角/(°)	弯曲应力 /MPa	转角/(°)	弯曲应力 /MPa
0	0	5.9	203.7	10.5	98.5
0.9	71.4	6.2	198.1	10.8	83.3
1.7	144.2	7.0	182.5	11.7	67.5
2.2	205.9	7.6	178.6	12.0	56.3
2.6	250.7	7.9	174.8	12.4	51.3
3.1	275.8	8.3	162.8	13.1	35.6
3.5	264.2	9.0	154.2	13.7	25.3
3.9	255.8	9.4	134.4	14.2	13.9
4.5	241.8	10.0	131.6	14.8	7.6
5.2	224.0	10.2	121.5	15.2	7.6

切齿后小齿轮弯曲应力随转角的变化值汇总于表 5-15。

表 5-15　切齿后小齿轮弯曲应力随转角变化值

转角/(°)	弯曲应力/MPa	转角/(°)	弯曲应力/MPa	转角/(°)	弯曲应力/MPa
0	0	4.7	287.6	9.9	174.2
0.3	109.7	5.3	272.5	10.2	169.7
1.0	286.2	5.7	268.7	10.4	164.6
1.5	303.0	6.0	260.1	10.9	155.1
1.7	304.2	6.6	246.8	11.2	150.4
1.9	298.6	7.1	232.6	12.8	138.4
2.4	306.9	7.6	221.3	13.5	128.2
2.7	315.4	7.9	210.2	13.8	116.7
2.9	305.8	8.4	204.9	14.2	80.1
3.1	294.5	9.0	190.9	14.8	62.4
3.9	297.7	9.4	184.1	15.6	47.6

　　和普通齿轮副载荷分配规律的处理方式相同，把齿根弯曲应力和所转过的角度一一对应起来，先拟合齿根弯曲应力关于转角的曲线，再离散成和角度对应的离散值，将全齿下齿根弯曲应力除以切齿下的齿根弯曲应力就可以得出其齿间载荷分配规律，如图 5-26 所示。

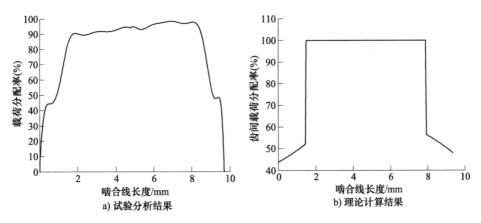

图 5-26　双模数节点后啮合齿间载荷分配规律

　　如图 5-26a 所示，由试验所得齿间载荷分配规律的曲线，在双齿啮合区，大齿轮齿顶承担的载荷为 43% 左右，小齿轮齿顶承担的载荷为 48% 左右，单齿啮合区的齿轮承担全部的载荷，整个啮合曲线呈现"前低后高"的曲线图，和理论计算得出的图 5-26 相比，曲线图非常吻合，大齿轮和小齿轮在齿顶位置所承担的载荷也十分相近。这可以证实双模数节点外啮合齿轮副齿间载荷分配规律计算的正确性。

本章小结

本章利用齿根弯曲应力来计算齿间载荷分配规律，首先测量齿根弯曲应力并和理论值做比较，分析试验数据的准确性，得出了试验数据具有可靠性，验证了双模数节点外啮合齿轮副的齿根弯曲应力计算公式的准确性。齿轮副进行切齿操作后，所测齿根弯曲应力的轮齿始终处于单齿啮合状态，记录全齿状态和切齿状态下各个转角对应的齿根弯曲应力，最后将相同转角状态下的全齿弯曲应力和切齿弯曲应力进行比较，得出齿间载荷分配随啮合线长度变化的曲线，和理论计算的双模数外啮合节点后啮合齿轮副齿间载荷随啮合线长度变化的分配率做比较，得出理论计算的准确性，同时也验证了双模数节点外啮合齿轮副啮合刚度计算的准确性。

第 6 章

双模数节点外啮合行星齿轮传动强度计算方法

6.1 节点外啮合行星齿轮传动接触强度计算

根据相关资料，齿轮副接触应力计算点的选取一般分为三种：选取节点作为齿轮副接触应力计算点，选取实际啮合线的中点作为齿面接触应力的计算点以及选取实际啮合线上单对齿啮合区接触应力最大值作为齿轮副接触应力计算点。对于节点外啮合齿轮传动，由于节点在实际啮合线之外，若用普通齿轮接触应力计算方式，即以节点作为接触应力的计算点，存在不合理之处，这里选取实际啮合线上单对齿啮合区接触应力最大值作为该对齿轮的接触应力更为合理。

一般情况下，实际啮合线上单对齿啮合区接触应力最大值位置的确定方法是，在单对齿啮合区上均匀地取多个点，分别计算这些啮合点的接触应力，并进行大小的比较，取其中的最大值作为齿轮副的接触应力。这一方法相比与以节点作为接触应力的计算点自然有其优越性，但是在确定单对齿啮合区接触应力最大值位置的方法上，存在一定的不足：一是需要计算单对齿啮合区上多个点的接触应力，计算工作量较大；二是所选取的计算点毕竟是有限的，单对齿啮合区上接触应力的最大值很可能出现在未被选中的其他点上。因此需要对齿轮副实际啮合线上单对齿啮合区接触应力的分布规律进行分析，以求得到较为简便的实际啮合线上单对齿啮合区接触应力最大值位置的确定方法。

6.1.1 节点外啮合齿轮副接触应力基本值计算

根据国标接触应力计算方法，节点处接触应力 σ_{H0} 基本值计算公式为：

$$\sigma_{H0} = 189.8 Z_e Z_\beta \sqrt{\frac{F_t \cos\beta_b}{b \cos\alpha_t'}} \sqrt{\frac{1}{\rho}} \tag{6-1}$$

式中，σ_{H0} 是接触应力基本值（N/mm²）；Z_β 是螺旋角系数；F_t 是节圆上名义切向力（N）；b 是工作齿宽，为齿轮副中较窄的齿宽（mm）；β_b 是基圆螺旋角（°）；α_t' 是端面啮合角（°）；ρ 是节点处的综合曲率半径（mm）。

根据式（6-1）可得在单对齿啮合区内，各啮合点 i 的接触应力基本值 σ_{H0i} 的通式为：

$$\sigma_{H0i} = 189.8 Z_{\varepsilon} Z_{\beta} \sqrt{\frac{F_t \cos\beta_b}{b \cos\alpha_t'}} \sqrt{\frac{1}{\rho_i}} \tag{6-2}$$

其中，任意啮合点综合曲率半径的计算式为：

$$\frac{1}{\rho_i} = \frac{1}{\rho_{i2}} \pm \frac{1}{\rho_{i1}} = \frac{\rho_{i2} \pm \rho_{i1}}{\rho_{i1}\rho_{i2}} \tag{6-3}$$

式中，ρ_i 是在 i 点啮合时齿轮副的综合曲率半径（mm）；ρ_{i1} 是在 i 点啮合时小齿轮的曲率半径（mm）；ρ_{i2} 是在 i 点啮合时大齿轮的曲率半径（mm）。

6.1.2　节点外啮合齿轮副接触应力计算点的选取

计算各啮合点 i 的接触应力基本值 σ_{H0i} 时，对于外啮合齿轮副，在一对齿轮的啮合过程中，除 ρ_{i1}、ρ_{i2} 外其他量为定值（在单齿啮合区内），而 ρ_{i1}、ρ_{i2} 的值随啮合位置的变化而变化。此时，$\rho_{i2} + \rho_{i1}$ 为理论啮合线的长度，也为定值，因此 σ_{H0i} 随 ρ_{i1} 与 ρ_{i2} 乘积的变化而变化，当 $\rho_{i1}\rho_{i2}$ 的值最小时，其啮合点处齿廓上的接触应力 σ_{H0i} 为最大；反之，当 $\rho_{i1}\rho_{i2}$ 为最大值时，σ_{H0i} 为最小。

在渐开线外啮合齿轮传动中，两齿轮曲率半径之差 $\rho_{i2} - \rho_{i1} = 0$ 时，$\rho_{i1}\rho_{i2}$ 的值最大；反之，两齿啮合点曲率半径之差最大时，$\rho_{i1}\rho_{i2}$ 的值最小。因此接触应力最大值出现在啮合点曲率半径之差最大处，即小齿轮单对齿啮合区的上界点或下界点处。

对于内啮合齿轮传动，$\rho_{i2} - \rho_{i1}$ 为理论啮合线的长度，即为定值，因此 σ_{H0i} 也随 ρ_{i1} 与 ρ_{i2} 乘积的变化而变化。小齿轮为主动轮时，$\rho_{i1}\rho_{i2}$ 的值从进入啮合到退出啮合这一过程中不断增大，因此接触应力最大值出现在小齿轮单对齿啮合区的下界点。

可通过公式推导证明以上结论，为了便于计算，设置啮合线上无量纲坐标 Γ 值。理论啮合线上，坐标原点取为节点 P，从节点向小齿轮基圆与理论啮合线的切点 N_1 方向为负，反之为正，定义实际啮合线上任意啮合点 K 的坐标 Γ 值为：

$$\Gamma = \frac{\overline{PK}}{\overline{PN_1}} = \frac{\tan\alpha_K}{\tan\alpha_t'} - 1 \tag{6-4}$$

$$\alpha_K = \arccos\left(\frac{d_1'}{d_K}\cos\alpha_t'\right) \tag{6-5}$$

式中，$\overline{PK}$ 是节点 P 到任意啮合点 K 的长度（mm）；节点 P 到小齿轮切点的长度（mm）；α_K 是小齿轮啮合点 K 的压力角（°）；α_t' 是端面啮合角（°）；d_K 是小齿

轮啮合点 K 所在圆的直径（mm）；d_1' 是小齿轮节圆直径（mm）。

用 ρ 值表示任意啮合点处的曲率半径（小齿轮用下标 1，大齿轮用下标 2 表示）：

$$\begin{cases} \rho_1 = \overline{N_1 K} = \dfrac{1 + \varGamma}{u \pm 1} a' \dfrac{\sin\alpha_t'}{\cos\beta_b} \\[3mm] \rho_2 = \overline{N_2 K} = \dfrac{u \mp \varGamma}{u \pm 1} a' \dfrac{\sin\alpha_t'}{\cos\beta_b} \end{cases} \tag{6-6}$$

式中，ρ_1 是任意啮合点处小齿轮的曲率半径（mm）；ρ_2 是任意啮合点处大齿轮的曲率半径（mm）；u 是齿数比，$u = z_2/z_1$；a' 是啮合中心距（mm）。式中的 "$\pm$" "$\mp$" 号，规定外啮合传动取上面的符号，而内啮合传动取下面的符号。

啮合点 K 的综合曲率半径表达式为：

$$\rho_{redK} = \frac{(1 + \varGamma)(u \mp \varGamma)}{(u \pm 1)^2} a' \frac{\sin\alpha_t'}{\cos\beta_b} \tag{6-7}$$

将式（6-7）代入式（6-2）化简可得：

$$\begin{cases} \sigma_{H0i} = C \sqrt{\dfrac{1}{(1 + \varGamma)(u \mp \varGamma)}} \\[3mm] C = 189.8 Z_\varepsilon Z_\beta (u \pm 1) \sqrt{\dfrac{F_t \cos^2\beta_b}{a' b \cos\alpha_t' \sin\alpha_t'}} \end{cases} \tag{6-8}$$

式中，当齿轮参数给定时，C 为常数。

6.1.3　单对齿啮合区上下界点曲率半径的计算

根据啮合线的性质得到外啮合单对齿啮合上、下界点曲率半径为：

$$\begin{cases} \rho_{B1} = \sqrt{r_{a1}^2 - r_{b1}^2} - \pi m_1 \cos\alpha_1 \\[3mm] \rho_{B2} = \dfrac{m_1 \cos\alpha_1 (z_2 + z_1)\tan\alpha'}{2} - \rho_{B1} \\[3mm] \rho_{D2} = \sqrt{r_{a2}^2 - r_{b2}^2} - \pi m_2 \cos\alpha_2 \\[3mm] \rho_{D1} = \dfrac{m_1 \cos\alpha_1 (z_2 + z_1)\tan\alpha'}{2} - \rho_{D2} \end{cases} \tag{6-9}$$

式中，ρ_{B1} 是外啮合单对齿啮合下界点小齿轮的曲率半径（mm）；ρ_{B2} 是外啮合单对齿啮合下界点大齿轮曲率半径（mm）；ρ_{D1} 是外啮合单对齿啮合上界点小齿轮的曲率半径（mm）；ρ_{D2} 是外啮合单对齿啮合上界点大齿轮的曲率半径（mm）。

内啮合单对齿啮合上、下界点曲率半径为：

$$\begin{cases} \rho_{B1} = \sqrt{r_{a1}^2 - r_{b1}^2} - \pi m_1 \cos\alpha_1 \\[2mm] \rho_{B2} = \dfrac{m_1 \cos\alpha_1 (z_2 - z_1)\tan\alpha'}{2} + \rho_{B1} \\[2mm] \rho_{D2} = \sqrt{r_{a1}^2 - r_{b1}^2} + \pi m_1 \cos\alpha_1 \\[2mm] \rho_{D1} = \rho_{D2} - \dfrac{m_1 \cos\alpha_1 (z_2 - z_1)\tan\alpha'}{2} \end{cases} \tag{6-10}$$

6.2　节点外啮合行星齿轮传动齿根弯曲强度计算

弯曲疲劳强度计算是以载荷作用侧齿根截面上（位置由 30°切线法确定）的最大弯曲应力作为名义齿根应力，名义齿根应力经相应的系数修正后计算出齿根应力。同时，考虑到使用条件、要求及尺寸的不同，将试验齿轮的弯曲疲劳极限修正后作为许用齿根应力。具体计算公式参考 GB/T 3480—2019 渐开线圆柱齿轮轮齿弯曲疲劳强度计算。

其基本计算式如下：

$$\sigma_F = \sigma_{F0} K_A K_V K_{F\beta} K_{F\alpha} \leqslant \sigma_{FP} \tag{6-11}$$

$$\sigma_{F0} = \frac{F_t}{b m_n} Y_F Y_S Y_\beta \tag{6-12}$$

$$\sigma_{FP} = \frac{\sigma_{Flim} Y_{ST} Y_{NT}}{S_{Fmin}} Y_{\delta relT} Y_{RrelT} Y_X \tag{6-13}$$

式中，σ_F 是计算齿根应力（N/mm²）；σ_{F0} 是齿根应力基本值（N/mm²）；σ_{FP} 是许用齿根应力（N/mm²）；K_A 是使用系数；K_V 是动载系数；$K_{F\beta}$ 是弯曲疲劳强度计算的齿向载荷分布系数；$K_{F\alpha}$ 是弯曲疲劳强度计算的齿间载荷分配系数；m_n 是法面模数（mm）；Y_F 是载荷作用于单对齿啮合区上界点时的齿形系数；Y_S 是载荷作用于单对齿啮合区上界点时的应力修正系数；Y_β 是螺旋角系数；σ_{Flim} 是弯曲疲劳极限值（N/mm²）；Y_{ST} 是试验齿轮的应力修正系数；Y_{NT} 是寿命系数；S_{Fmin} 是弯曲疲劳强度计算的最小安全系数；F_t 是名义切向力（N）；b 是工作齿宽（mm），为一对齿轮中较窄的齿宽；$Y_{\delta relT}$ 是相对齿根圆角敏感系数；Y_{RrelT} 是相对齿根表面状况系数；Y_X 是尺寸系数。

6.3　节点外啮合行星齿轮传动胶合强度计算

计算胶合强度的重合度系数时，只考虑了节点位于单对齿啮合区和双对齿啮合区的情况，对于节点位于实际啮合线以外的特殊情况并未提及；而平均摩擦因数则是直接取了节点处的摩擦因数，这也与节点外啮合的实际情况不符。

6.3.1　齿轮胶合承载能力计算的基本公式

积分温度法是在瞬时温度法的基础上建立起来的。它是按齿面上各啮合点的瞬时温升 ϑ_{fla} 求出平均温升 $\vartheta_{\text{flaint}}$，又考虑到此平均温升与轮齿的本体温度 ϑ_{M} 对胶合破坏所起的不同影响，故将平均温升乘以加权系数后与本体温度相加，得到齿面的积分温度（平均温度）ϑ_{int}。将此温度与胶合极限温度相比较，即可判断轮齿的抗胶合承载能力。于是，胶合计算的强度条件为：

$$\vartheta_{\text{int}} = \vartheta_{\text{M}} + C_2 \frac{\int g_a \vartheta_{\text{fla}} \mathrm{d}x}{g_a} = \vartheta_{\text{M}} + C_2 \vartheta_{\text{flaint}} \leqslant \frac{\vartheta_{\text{sint}}}{S_{\text{intmin}}} \tag{6-14}$$

$$\vartheta_{\text{flaint}} = \vartheta_{\text{flaE}} X_{\varepsilon} \frac{1}{X_{\text{Q}} X_{\text{ca}}} \tag{6-15}$$

式中，ϑ_{int} 是齿面的积分温度（℃）；ϑ_{fla} 是齿面上接触点的瞬时温升（℃）；g_a 是实际啮合线长度（mm）；$\mathrm{d}x$ 是啮合线上的微段（mm）；ϑ_{M} 是本体温度（℃）；$\vartheta_{\text{flaint}}$ 是齿面平均温升（℃）；ϑ_{sint} 是胶合温度（℃）；C_2 是加权数，考虑本体温度 ϑ_{M} 和平均温升 $\vartheta_{\text{flaint}}$ 对胶合破坏所产生的影响不同而引入的加权数，C_2 由试验确定为 1.5；S_{intmin} 是胶合承载能力计算的最小安全系数；ϑ_{flaE} 是不考虑载荷分配时，小齿轮齿顶 E 点的瞬时温升（℃）；X_{ε} 是重合度系数；X_{Q} 是冲击系数；X_{ca} 是齿顶修形系数。

6.3.2　重合度系数

当不考虑齿廓修形及啮入点冲击时，式（6-15）平均温升 $\vartheta_{\text{flaint}}$ 的简化式为：

$$\vartheta_{\text{flaint}} \approx \vartheta_{\text{flaE}} X_{\varepsilon} \tag{6-16}$$

式中，$\vartheta_{\text{flaint}}$ 是平均温升（℃）；X_{ε} 是重合度系数；ϑ_{flaE} 是不考虑载荷分配时，啮合线上 E 点的瞬时温升（℃）。

简化式［式（6-16）］的推导基于以下条件：

1）端面重合度 $\varepsilon_{\alpha} < 2$。

2）齿廓无修形，载荷按理想状态分配，如图 6-1 所示。

3）在啮合线上的单、双对齿啮合区，各啮合点的瞬时温升按线性规律分布，如图 6-2 和图 6-3 所示。

图 6-1~图 6-3 中，A、E 分别为小齿轮的啮入点和啮出点，B，D 分别为小齿轮的单对齿啮合区下界点和上界点。A、B 之间，D、E 之间，即双对齿啮合区，在考虑载荷分配后，瞬时温升仍按线性分布，图 6-2 和图 6-3 中实线部分表示了

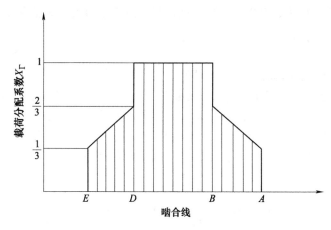

图 6-1 载荷分配系数

瞬时温升的分布规律，图中实线与啮合线所围成的面积除以实际啮合线长度，即为平均温升 $\vartheta_{\text{flaint}}$ 的值。啮合线上各段的长度可用端面重合度 ε_α、小齿轮和内齿轮的齿顶重合度 ε_1 和 ε_2 以及基节 p_{bt} 来表示，如图 6-2 和图 6-3 中所示。根据上述分析，得出节点外啮合齿轮的齿面平均温升 $\vartheta_{\text{flaint}}$ 近似计算式：

$$\vartheta_{\text{flaint}} \approx \frac{1}{\varepsilon_\alpha p_{\text{bt}}} \Big[\frac{p_{\text{bt}}}{2}(\varepsilon_\alpha - 1)(\theta_{\text{E}} + \theta_{\text{D}}) + \frac{p_{\text{bt}}}{2}(2 - \varepsilon_\alpha)(\vartheta_{\text{fladD}} + \vartheta_{\text{flaB}}) +$$

$$\frac{p_{\text{bt}}}{2}(\varepsilon_\alpha - 1)(\theta_{\text{A}} + \theta_{\text{B}}) \Big]$$

式中，ϑ_{flaD}、ϑ_{flaB} 是 D、B 两点在单对齿啮合区上的瞬时温升（℃）；θ_{A}、θ_{B}、θ_{D}、θ_{E} 是各点在双对齿啮合区上的瞬时温升（℃）。

当考虑载荷分配系数，即 $X_\Gamma \neq 1$ 时，瞬时温升 θ 的表达式为：

$$\theta = X_\Gamma^{0.75} \theta_{\text{fla}} \tag{6-17}$$

将载荷分配系数代入式（6-17），可得双对齿啮合区各点的瞬时温升：

$$\begin{cases} \theta_{\text{E}} = (1/3)^{0.75} \theta_{\text{flaE}} = 0.44 \theta_{\text{flaE}} \\ \theta_{\text{D}} = (2/3)^{0.75} \theta_{\text{flaD}} = 0.74 \theta_{\text{flaD}} \\ \theta_{\text{B}} = (2/3)^{0.75} \theta_{\text{flaB}} = 0.74 \theta_{\text{flaB}} \\ \theta_{\text{A}} = (1/3)^{0.75} \theta_{\text{flaA}} = 0.44 \theta_{\text{flaA}} \end{cases} \tag{6-18}$$

当啮合副为节点后啮合时，如图 6-2 所示，根据各啮合点瞬时温升 ϑ_{fla} 按线性规律分布的假设条件可得：

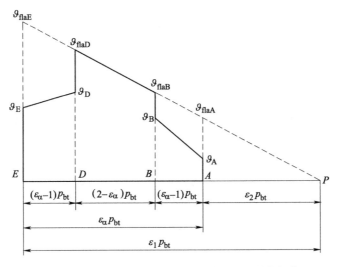

图 6-2　啮合副为节点后啮合时的瞬时温升分布规律

$$\begin{cases} \theta_{flaD} = \dfrac{\varepsilon_1 - \varepsilon_\alpha + 1}{\varepsilon_1}\theta_{flaE} \\[3mm] \theta_{flaB} = \dfrac{\varepsilon_1 - 1}{\varepsilon_1}\theta_{flaE} \\[3mm] \theta_{flaA} = \dfrac{\varepsilon_1 - \varepsilon_\alpha}{\varepsilon_1}\theta_{flaE} \end{cases} \tag{6-19}$$

将各点的瞬时温升代入式（6-16），可得平均温升：

$$\vartheta_{flaint} = \frac{1}{2\varepsilon_\alpha}\Big[(\varepsilon_\alpha - 1)\Big(0.44 + 0.74\frac{\varepsilon_1 - \varepsilon_\alpha + 1}{\varepsilon_1}\Big) + (2 - \varepsilon_\alpha)$$

$$\Big(\frac{\varepsilon_1 - \varepsilon_\alpha + 1}{\varepsilon_1} + \frac{\varepsilon_1 - 1}{\varepsilon_1}\Big) + (\varepsilon_\alpha - 1)\Big(0.74\frac{\varepsilon_1 - 1}{\varepsilon_1} + 0.44\frac{\varepsilon_1 - \varepsilon_\alpha}{\varepsilon_1}\Big)\Big]\vartheta_{flaE}$$

$$= \frac{1}{2\varepsilon_\alpha\varepsilon_1}[0.18\varepsilon_1^2 - 0.18\varepsilon_2^2 + 0.82\varepsilon_1 + 0.82\varepsilon_2]\vartheta_{flaE}$$

$$= X_\varepsilon\vartheta_{flaE}$$

其中

$$X_\varepsilon = \frac{1}{2\varepsilon_\alpha\varepsilon_1}[0.18\varepsilon_1^2 - 0.18\varepsilon_2^2 + 0.82\varepsilon_1 + 0.82\varepsilon_2] \tag{6-20}$$

当啮合副为节点前啮合时，如图 6-3 所示，根据各啮合点瞬时温升 ϑ_{fla} 按线性规律分布的假设条件可得：

93

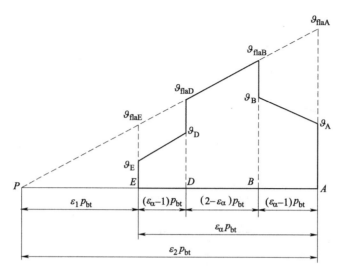

图 6-3　啮合副为节点前啮合时的瞬时温升分布规律

$$
\begin{cases}
\theta_{\text{flaD}} = \dfrac{\varepsilon_1 + \varepsilon_\alpha - 1}{\varepsilon_1}\theta_{\text{flaE}} \\[2mm]
\theta_{\text{flaB}} = \dfrac{\varepsilon_1 + 1}{\varepsilon_1}\theta_{\text{flaE}} \\[2mm]
\theta_{\text{flaA}} = \dfrac{\varepsilon_1 + \varepsilon_\alpha}{\varepsilon_1}\theta_{\text{flaE}}
\end{cases}
\tag{6-21}
$$

将各点的瞬时温升代入式（6-16），可得平均温升：

$$
\begin{aligned}
\vartheta_{\text{flaint}} &= \frac{1}{2\varepsilon_\alpha}\Big[\,(\varepsilon_\alpha - 1)\Big(0.44 + 0.74\,\frac{\varepsilon_1 + \varepsilon_\alpha - 1}{\varepsilon_1}\Big) + (2 - \varepsilon_\alpha) \\
&\quad \Big(\frac{\varepsilon_1 + \varepsilon_\alpha - 1}{\varepsilon_1} + \frac{\varepsilon_1 + 1}{\varepsilon_1}\Big) + (\varepsilon_\alpha - 1)\Big(0.74\,\frac{\varepsilon_1 + 1}{\varepsilon_1} + 0.44\,\frac{\varepsilon_1 + \varepsilon_\alpha}{\varepsilon_1}\Big)\,\Big]\vartheta_{\text{flaE}} \\
&= \frac{1}{2\varepsilon_\alpha\varepsilon_1}\big[\,0.18\varepsilon_2^2 - 0.18\varepsilon_1^2 + 0.82\varepsilon_1 + 0.82\varepsilon_2\,\big]\vartheta_{\text{flaE}} \\
&= X_\varepsilon\vartheta_{\text{flaE}}
\end{aligned}
$$

其中

$$
X_\varepsilon = \frac{1}{2\varepsilon_\alpha\varepsilon_1}\big[\,0.18\varepsilon_2^2 - 0.18\varepsilon_1^2 + 0.82\varepsilon_1 + 0.82\varepsilon_2\,\big]
\tag{6-22}
$$

式（6-21）和式（6-22）分别是节点后啮合和节点前啮合时的重合度系数计算式。

6.3.3 平均摩擦因数

平均摩擦因数是齿面上各啮合点摩擦因数的平均值，将其近似地取为节点处的摩擦因数，对于节点外啮合齿轮，选取单对齿啮合区上各啮合点摩擦因数的最大值作为平均摩擦因数。

单对齿啮合区各啮合点的局部平均摩擦因数计算式为：

$$\mu_{mK} = 0.12 \left(\frac{W_t Ra}{\eta_M v_{\Sigma K} \rho_{redK}} \right)^{0.25} \tag{6-23}$$

式中，Ra 是渐开线齿形方向上齿面的表面粗糙度算术平均值（μm）；W_t 是单位齿宽切向载荷（N/mm）；η_M 是润滑油在本体温度 ϑ_M 时的动力黏度（mPa·s），可近似取油温 ϑ_{oil} 时的动力黏度；$v_{\Sigma K}$ 为大小齿轮啮合点 K 线速度在齿廓切线方向上的分量之和（m/s）；ρ_{redK} 是啮合点 K 的综合曲率半径（mm）。

用无量纲坐标值 Γ 表示任意啮合点处的切向速度表达式：

$$\begin{cases} v_{\rho1} = (1 + \Gamma) v' \sin\alpha_t' \\ v_{\rho2} = (1 \mp \Gamma/u) v' \sin\alpha_t' \\ v_{\Sigma K} = v_{\rho1} + v_{\rho2} \end{cases} \tag{6-24}$$

式中，$v_{\rho1}$ 是任意啮合点小齿轮切向速度（m/s）；$v_{\rho2}$ 是任意啮合点大齿轮切向速度（m/s）；v' 是节圆线速度（m/s）。

由式（6-23）和式（6-24）可得任意啮合点 K 的局部平均摩擦因数 μ_{mK}，在齿轮参数确定时，便可表示成含有唯一变量 Γ 的形式。平均摩擦因数 μ_{mK} 为：

$$\mu_{mK} = C \left[\frac{(u \pm 1)^2}{(1 + \Gamma)(u \mp \Gamma)(2 + \Gamma \mp \Gamma/u)} \right]^{0.25} \tag{6-25}$$

式中，C 为常数。

由式（6-25）可得单对齿啮合区任意啮合点的摩擦因数 μ_{mK} 随坐标 Γ 的变化趋势。

6.4 强度计算及分析

由上述各强度计算方法，分别计算可得部件级试验机和原理样机的强度，并分析了内、外啮合副为节点前和节点后啮合共四种情况下节点外系数对强度的影响。

6.4.1 部件级试验机节点外啮合行星齿轮强度计算结果及分析

根据以上分析，用表 6-1 中的参数，计算出部件级试验机节点外啮合行星齿轮传动系统的强度安全系数，见表 6-1。

表 6-1 节点外啮合行星齿轮传动系统的强度安全系数

强度安全系数	构件名称		
	太阳轮	行星轮	内齿轮
弯曲强度安全系数	1.449	1.435	2.064
接触强度安全系数	1.306		2.459
胶合强度安全系数	3.647		5.01

在表 6-1 计算结果的基础上，通过同时改变行星轮和内齿轮的变位系数而使总变位量 $m_3x_3 - m_2x_2$ 保持不变的方式，研究内啮合副为节点后啮合时节点外系数对齿轮强度安全系数的影响，计算结果见表 6-2。

表 6-2 总变位量保持不变时内啮合副节点后啮合时节点外系数对齿轮强度安全系数计算结果

行星轮 变位系数	内齿圈 变位系数	节点外 系数	接触强度 安全系数	行星轮弯曲 强度安全系数	内齿圈弯曲 强度安全系数	胶合强度 安全系数
0.3519	0.85	0.0536	2.436	1.441	2.107	5.062
0.4013	0.9	0.0987	2.444	1.438	2.092	5.044
0.4506	0.95	0.1437	2.452	1.435	2.078	5.027
0.5000	1.00	0.1888	2.459	1.435	2.064	5.01
0.5493	1.05	0.2338	2.467	1.434	2.052	4.994
0.5987	1.10	0.2789	2.474	1.435	2.04	4.979
0.6480	1.15	0.3238	2.482	1.436	2.028	4.964
0.6974	1.20	0.3690	2.489	1.44	2.018	4.95

根据计算结果绘制曲线，如图 6-4 所示。

由图 6-4 可知，对于内啮合副，若采用节点后啮合，在保持总变位量不变的情况下，随着节点外系数的增大，接触强度安全系数有所上升；行星轮弯曲强度安全系数先缓慢降低，当降低到节点外系数接近于 0.2 时，行星轮弯曲强度又有所上升；内齿圈弯曲强度安全系数和胶合强度安全系数均有所下降。

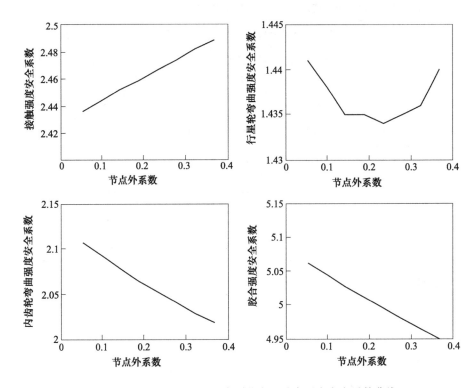

图 6-4　总变位量不变内啮合副节点后啮合强度安全系数曲线

6.4.2　原理样机节点外啮合行星齿轮强度计算结果及分析

根据以上分析，用表 6-4 中的参数，计算出原理样机节点外啮合行星齿轮传动系统的强度安全系数，见表 6-3。

表 6-3　节点外啮合行星齿轮传动系统的强度安全系数

强度安全系数	构件名称		
	太阳轮	行星轮	内齿轮
弯曲强度安全系数	3.742	4.01	7.609
接触强度安全系数	1.305		2.145
胶合强度安全系数	3.727		4.575

在表 6-3 中计算结果的基础上，通过同时改变行星轮和内齿轮的变位系数而使总变位量 $m_3 x_3 - m_2 x_2$ 保持不变的方式，研究内啮合副为节点后啮合时节点外

系数对齿轮强度安全系数的影响，计算结果见表6-4。

表6-4　总变位量保持不变时内啮合副节点后啮合强度安全系数计算结果

行星轮变位系数	内齿圈变位系数	节点外系数	接触强度安全系数	行星轮弯曲强度安全系数	内齿轮弯曲强度安全系数	胶合强度安全系数
0.55	0.7699	0.0355	2.078	4.01	7.609	4.719
0.6	0.8209	0.0828	2.093	3.905	7.50	4.685
0.65	0.872	0.1302	2.109	3.781	7.404	4.652
0.7	0.923	0.1775	2.123	3.764	7.271	4.62
0.75	0.974	0.2249	2.138	3.839	7.141	4.59
0.77543	1	0.2489	2.145	3.944	7.013	4.575

根据计算结果绘制曲线，如图6-5所示。

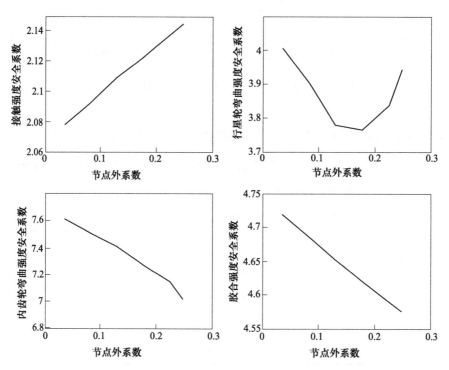

图6-5　总变位量不变内啮合副节点后啮合强度安全系数曲线

对比图 6-4 和图 6-5 可知，两种节点后啮合行星轮系强度安全系数随节点外系数的变化趋势大致一致，在保持总变位量不变的情况下，随着节点外系数的增大，接触强度安全系数有所上升；行星轮弯曲强度安全系数先缓慢降低，当降低到节点外系数接近于 0.2 时，行星轮弯曲强度安全系数又有所上升；内齿轮弯曲强度安全系数和胶合强度安全系数均有所下降。

6.4.3 节点外系数对节点外啮合齿轮强度的影响

分别考虑内、外啮合节点外啮合，可分为四种啮合情况：即内啮合为节点前啮合，外啮合为节点前啮合，内啮合为节点后啮合和外啮合为节点后啮合，其中内啮合副为节点后啮合已在前面做过介绍，现只需探究另外三种情况下齿轮强度随节点外系数的变化趋势。

根据优化程序分别对上述三种节点外啮合的行星齿轮系统进行优化，一次优化确定齿数，二次优化确定其余设计变量，结果见表 6-5 和表 6-6。表 6-5 第一行为外啮合为节点前啮合的优化结果，第二行为外啮合为节点后啮合的优化结果，表 6-6 为内啮合节点前啮合的优化结果。

表 6-5 外啮合节点外啮合行星齿轮系统优化参数

啮合位置	优化参数						
	太阳轮模数/mm	行星轮模数/mm	太阳轮齿数	行星轮齿数	太阳轮压力角/(°)	太阳轮变位系数	行星轮变位系数
外啮合节点前啮合	3	3.1105	30	60	20	−1	1
外啮合节点后啮合	3.1105	3	30	60	25	1	−1

表 6-6 内啮合节点前啮合行星齿轮系统优化参数

啮合位置	优化参数						
	行星轮模数/mm	内齿圈模数/mm	内齿圈齿数	行星轮齿数	行星轮压力角/(°)	行星轮变位系数	内齿圈变位系数
内啮合节点前啮合	3.096	3.156	92	30	22.517	0.984	0.403

根据表 6-5 中的参数，通过同时改变两齿轮变位系数而使总变位量保持不变，即 $m_1x_1 + m_2x_2$ 的方式研究外啮合副为节点前啮合时节点外系数对齿轮强度安全系数的影响，结果见表 6-7。

表6-7 总变位量保持不变时外啮合副节点前啮合时节点外系数对齿轮强度安全系数计算结果

太阳轮变位系数	行星轮变位系数	节点外系数	接触强度安全系数	太阳轮弯曲强度安全系数	行星轮弯曲强度安全系数	胶合强度安全系数
-1	1	0.2228	1.207	1.512	1.609	2.098
-0.9482	0.95	0.1778	1.211	1.526	1.591	2.143
-0.8963	0.90	0.1327	1.215	1.54	1.575	2.19
-0.8445	0.85	0.0877	1.219	1.553	1.56	2.24
-0.7926	0.80	0.0426	1.223	1.564	1.546	2.294

根据计算结果绘制曲线，如图6-6所示。

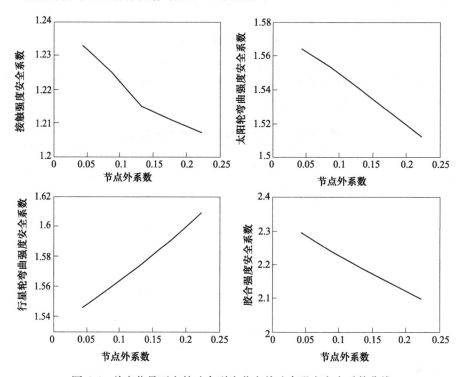

图6-6 总变位量不变外啮合副为节点前啮合强度安全系数曲线

由图6-6可知，对于外啮合副，若采用节点前啮合，在保持总变位量不变的情况下，随着节点外系数的增大，接触强度安全系数、胶合强度安全系数以及太阳轮弯曲强度安全系数均呈下降趋势，而行星轮弯曲强度安全系数呈一定的增大趋势。

根据表6-5中的参数，通过同时改变两齿轮变位系数而使总变位量保持不变，即 $m_1x_1 + m_2x_2$ 的方式研究外啮合副为节点后啮合时节点外系数对齿轮强度安全系数的影响，结果见表 6-8。

表 6-8　总变位量保持不变时外啮合副节点后啮合强度安全系数计算结果

太阳轮变位系数	行星轮变位系数	节点外系数	接触强度安全系数	太阳轮弯曲强度安全系数	行星轮弯曲强度安全系数	胶合强度安全系数
1	−1	0.3074	1.264	1.759	1.468	2.007
0.95	−0.9482	0.2592	1.266	1.73	1.482	2.048
0.90	−0.8963	0.2110	1.269	1.701	1.495	2.09
0.85	−0.8445	0.1627	1.271	1.675	1.507	2.136
0.80	−0.7926	0.1145	1.273	1.65	1.518	2.184
0.75	−0.7408	0.0663	1.274	1.627	1.528	2.235
0.70	−0.6889	0.0181	1.275	1.605	1.537	2.289

根据计算结果绘制曲线，如图 6-7 所示。

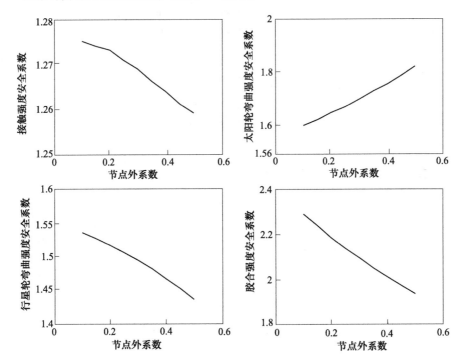

图 6-7　总变位量不变外啮合副为节点后啮合强度安全系数曲线

由图 6-7 可知，对于外啮合副，若采用节点后啮合，在保持总变位量不变的情况下，随着节点外系数的增大，接触强度安全系数、胶合强度安全系数以及行星轮弯曲强度安全系数均呈下降趋势，而太阳轮弯曲强度安全系数呈一定的增大趋势。

双模数节点外啮合行星齿轮传动

对于内啮合副为节点前啮合来说，通过同时改变两齿轮变位系数而使总变位量保持不变，即 $m_3x_3 - m_2x_2$ 的方式研究内啮合副节点前啮合时节点外系数对齿轮强度安全系数的影响，结果见表6-9。

表6-9　总变位量保持不变时内啮合副节点前啮合时节点外系数对齿轮强度安全系数影响的计算结果

行星轮变位系数	内齿轮变位系数	节点外系数	接触强度安全系数	行星轮弯曲强度安全系数	内齿轮弯曲强度安全系数	胶合强度安全系数
0.2	1	0.0019	1.65562	0.983154	1.21793	3.11761
0.15	0.95	0.0536	1.63353	0.960868	1.21581	3.02188
0.1	0.9	0.1053	1.61112	0.938752	1.21377	2.92906
0.05	0.85	0.1571	1.58838	0.916854	1.21179	2.83899
0	0.8	0.2088	1.56527	0.895208	1.20987	2.75151
−0.05	0.75	0.2605	1.54177	0.873839	1.208	2.66648
−0.1	0.7	0.3122	1.51785	0.852765	1.20618	2.58375
−0.15	0.65	0.3640	1.49347	0.831996	1.20439	2.50318
−0.2	0.6	0.4157	1.46861	0.811536	1.20263	2.42465

根据计算结果绘制曲线，如图6-8所示。

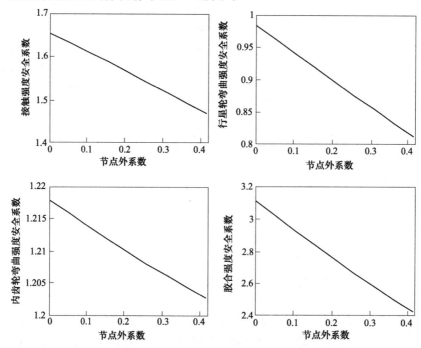

图6-8　总变位量不变节点前啮合强度安全系数曲线

102

由图 6-8 可知，对于内啮合副，若采用节点前啮合，在保持总变位量不变的情况下，随着节点外系数的增大，各强度安全系数都有所下降，且胶合强度安全系数下降较为明显，内齿轮弯曲强度安全系数降幅最小。

本章小结

本章总结了双模数节点外啮合行星齿轮几何参数的设计与计算方法，并运用 MATLAB 优化程序，得出一组符合设计要求的参数。在此基础上，利用 Pro/E 三维软件进行零件的绘图及装配。

另外，分析了节点外啮合齿轮的接触强度和胶合承载能力与普通齿轮的区别。根据摩擦因数在单对齿啮合区和双对齿啮合区都按线性分布的假设，提出了一种平均摩擦因数的简化计算方法，并对节点外啮合齿轮胶合承载能力中重合度系数计算公式进行了推导，方便工程中的设计计算。

最后，根据表 6-1、表 6-3 中的参数和表 6-5、表 6-6 中的优化参数进行了强度计算，并分析了在内、外啮合分别为节点前、后啮合的四种情况下，各强度安全系数随节点外系数的变化趋势。

第 ⑦ 章

双模数节点外啮合行星齿轮
传动系统动力学分析

7.1　引言

　　节点外啮合齿轮副与普通齿轮副的一个重要区别就是，轮齿从进入啮合到退出啮合的整个啮合过程中，由于节点外啮合齿轮副的实际啮合线始终位于节点的同一侧，齿面摩擦力没有换向的过程，避免了齿轮啮合过程中由于齿面摩擦力方向的改变所引起的振动，因此改善了系统的动力学性能。

　　在建立普通行星齿轮传动系统动力学模型时，为了使系统模型尽量简化，便于分析，系统的建模是建立在一定的假设基础上的，而这些假设中一般都包含忽略齿轮副啮合过程中的齿面摩擦力这一项，这一假设对于节点外啮合行星齿轮传动系统显然不够合理，同时为了能够比较其与普通齿轮传动在这方面的区别，建立节点外啮合行星齿轮传动系统动力学模型时，需考虑啮合过程中轮齿间齿面的摩擦力。

7.2　节点外啮合行星齿轮传动系统动力学模型

7.2.1　系统动力学计算模型

　　图 7-1 所示为普通 NGW 型行星齿轮传动系统的运动简图。其中内齿轮固定，输入转矩 T_D 经太阳轮 z_s 分流到 N 个行星轮 z_p，功率由多个行星齿轮传输，实现功率分流，又通汇流到行星架 C，输出到负载 T_L。

　　内齿轮因体积较大，采用薄辐结构，有较大的转转柔度，因此将其质量集中在内齿轮和齿式联轴器上，中间加以虚拟扭转弹

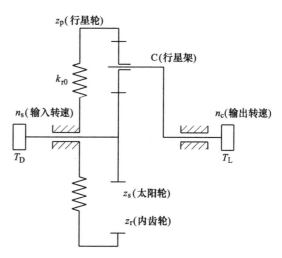

图 7-1　普通 NGW 型行星齿轮传动系统的运动简图

簧 k_{r0} 连接。

建立齿轮系统动力学模型考虑的因素见表 7-1。

表 7-1　齿轮系统动力学模型考虑的因数

齿轮系统动力学模型	模型考虑的因素
齿轮系统扭转型分析模型	不考虑齿轮传动系统传动轴、轴承和箱体的弹性变形（只考虑扭转振动）
齿轮系统啮合耦合型振动分析模型	考虑齿轮传动系统传动轴、轴承的弹性变形（扭转振动的基础上还需考虑横向弯曲振动、轴向振动和扭摆振动等）
齿轮系统转子耦合型振动分析模型	考虑高速转动时系统的离心力和惯性力
齿轮系统全耦合型振动分析模型	同时考虑啮合耦合和转子耦合振动
齿轮系统动态子结构振动模型	同时考虑齿轮副、传动轴、箱体和支承系统

系统需要考虑齿面摩擦力这一因素，系统振动模型的选择是在满足分析要求的前提下，尽量使模型简单，故选择啮合耦合型振动分析模型。

行星齿轮传动系统动力学模型的建立采用集中质量法，即整个系统由质量块和弹簧组成，而质量块只考虑惯性不考虑弹性，弹簧只考虑弹性不考虑惯性，为了使系统模型尽量简化，便于分析，建立节点外啮合行星齿轮传动系统的动力学模型时有以下的假设。

1）系统各构件的运动保持在同一平面内。

2）各行星轮具有相同的物理和几何参数。

3）将系统中各构件看作刚体，啮合副和支承处的弹性变形用等效弹簧刚度表示。

4）忽略传动过程中齿侧间隙引起的非线性。

由于节点外啮合齿轮传动在轮齿从进入啮合到退出啮合的整个啮合过程中，齿面摩擦力方向不发生改变，为比较其与普通齿轮传动在这方面的区别，建立模型时需考虑啮合过程中轮齿间齿面的摩擦力。

图 7-2 为用集中质量法建立的行星齿轮传动系统动力学计算模型图，实际模型在满足安装条件和邻接条件的前提下可包含多个行星轮。

太阳轮作为系统的输入构件采用浮动设计，因此它不仅具有一个回转自由度 θ_s，还有两个平移自由度 x_s、y_s；同时考虑行星轮的平移自由度 x_n、y_n 和扭转自由度 θ_n；内齿轮的平移自由度 x_r、y_r 和扭转自由度 θ_r；内齿轮的联轴器沿作用线位移 θ_0；行星架作为输出构件具有回转自由度 θ_c；输入轴与输出轴的回转自由度为 θ_D 和 θ_L。

计算模型中，K_{sp} 表示外啮合的啮合刚度；K_{pr} 表示内啮合的啮合刚度；K_s 表

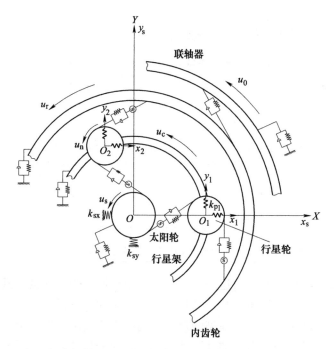

图7-2　行星齿轮系统动力学计算模型

示太阳轮支承刚度；K_D 和 K_L 分别表示输入轴和输出轴的扭转刚度。由系统的各自由度得到相应的坐标向量为：

$$\{\theta_D, x_s, y_s, \theta_s, x_n, y_n, \theta_n, x_r, y_r, \theta_r, \theta_0, \theta_c, \theta_L\} \tag{7-1}$$

各构件上的角位移与啮合线上的线位移量纲并不统一，为了便于分析，故将各构件上的角位移转化到啮合线上，以相应的等价线位移表示如下：

$$\begin{cases} u_s = \theta_s r_{bs} \\ u_c = \theta_c r_c \cos\alpha_{sp} = \theta_c r_{bc} \\ u_n = \theta_n r_{bn} \\ u_D = \theta_D r_{bs} \\ u_L = \theta_L r_{bc} \\ u_r = \theta_r r_{br} \\ u_0 = \theta_0 r_{br} \end{cases} \tag{7-2}$$

式中，r_{bs} 是太阳轮基圆半径（mm）；r_{bn} 是行星轮基圆半径（mm）；r_{bc} 是行星架当量半径（mm）；r_{br} 是内齿轮基圆半径（mm）。

于是得节点外啮合行星齿轮传动系统动力学模型的广义坐标：

$$\{u_D, u_s, x_s, y_s, u_s, x_n, y_n, u_n, x_r, y_r, u_r, u_c, u_L\} \tag{7-3}$$

在位移方向定义时，规定各个构件在给定某个输入转矩作用下的运动方向作为各构件角位移的正方向，同样，各个构件在给定某个输入转矩作用下的运动方向作为各构件在齿轮副啮合线上的等价线位移的正方向；而对于各啮合线方向的相对位移 δ，则规定齿面受压的方向为正方向。太阳轮与行星架转向相同，而行星轮的转向与两者相反。根据以上规定，得到行星齿轮传动系统中外、内啮合副啮合线方向的相对位移的表达式：

$$\begin{cases} \delta_{sn} = (x_n - x_s)\sin\varphi_{sn} + (y_s - y_n)\cos\varphi_{sn} + u_s + u_n \\ \delta_{rn} = (x_n - x_r)\sin\varphi_{rn} + (y_r - y_n)\cos\varphi_{rn} + u_r - u_n \end{cases} \tag{7-4}$$

7.2.2　系统动态啮合力的计算

根据式（7-3），将式（7-2）的行星齿轮传动系统中外、内啮合副啮合线方向的相对位移用等价线位移的形式表示，考虑齿轮副啮合误差和太阳轮微位移转化到啮合线上的等价位移如下：

$$\begin{cases} \delta_{sn} = (x_n - x_s)\sin\varphi_{sn} + (y_s - y_n)\cos\varphi_{sn} + u_s + u_n - e_{sn}(t) \\ \delta_{rn} = (x_n - x_r)\sin\varphi_{rn} + (y_r - y_n)\cos\varphi_{rn} + u_r - u_n - e_{rn}(t) \end{cases} \tag{7-5}$$

式中，$\varphi_{sn} = \varphi_n - \alpha_{sp}$，$\varphi_{rn} = \varphi_n + \alpha_{rp}$，其中 $\varphi_n = 2\pi(i-1)/N$ 为第 n 个行星轮的中心相对于坐标轴正方向的夹角（mm），下标 sn、rn 分别表示外啮合齿轮副和内啮合齿轮副；$e_{sn}(t)$、$e_{rn}(t)$ 分别是外、内啮合齿轮副沿啮合线的误差激励（mm）。

由于行星齿轮传动系统中的行星轮安装在转动的行星架上，为了避免行星架的速度对每个啮合齿轮速度造成影响，对系统各构件的角速度进行分析时，采用分析周转轮系常用的"转化轮系法"：给行星轮系各构件同时加上一个以太阳轮中心为旋转中心的角速度（$-\omega_c$），将原本运动的行星架"固定"起来，从而使得原来的行星轮系转化为定轴轮系。由此可得行星齿轮系统啮合周期：

$$T = \frac{2\pi}{(\omega_s - \omega_c)z_s} \tag{7-6}$$

式中，ω_s 是太阳轮角速度（rad/s）；ω_c 是行星架角速度（rad/s）；z_s 是太阳轮齿数。

假设在啮合过程中单对齿啮合刚度在啮合过程中不变，直齿轮的啮合刚度可假定按矩形波变化，变化规律如图 7-3 所示。

由于一对啮合的直齿轮其重合度一般在 1 到 2 之间，即存在单对齿啮合和双对齿啮合两种状态，假设啮合过程中单对齿啮合刚度不变，则齿轮副啮合刚度可表示为：

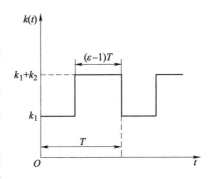

图 7-3　矩形波近似直齿轮时啮合刚度的变化规律

$$k = \begin{cases} k_1 & \mathrm{mod}(t, T) < (2 - \varepsilon)T \\ k_1 + k_2 & \mathrm{mod}(t, T) \geqslant (2 - \varepsilon)T \end{cases} \qquad (7\text{-}7)$$

式中，ε 是齿轮副的重合度；k_1 是齿轮副双对齿啮合时第一对齿的啮合刚度（N/m）；k_2 是齿轮副双对齿啮合时第二对齿的啮合刚度（N/m）；齿轮的单对齿啮合刚度根据相关计算公式求得。mod 是求余函数，$\mathrm{mod}(x, y) = x - y\mathrm{floor}(x/y)$，floor 是取整函数。

由此可得在一个周期内，太阳轮与行星轮的外啮合齿轮副各对齿啮合刚度：

$$\begin{cases} k_{sn1} = k_{w1} \\ k_{sn2} = \begin{cases} 0 & \mathrm{mod}(t, T) < (2 - \varepsilon_{sp})T \\ k_{w2} & \mathrm{mod}(t, T) \geqslant (2 - \varepsilon_{sp})T \end{cases} \end{cases} \qquad (7\text{-}8)$$

式中，k_{sn1} 是外啮合齿轮副第一对齿的啮合刚度（N/m）；k_{sn2} 是外啮合齿轮副第二对齿的啮合刚度（N/m）；k_{w1} 是外啮合齿轮副第一对齿的啮合刚度（N/m）；k_{w2} 是外啮合齿轮副第二对齿的啮合刚度（N/m）；ε_{sp} 是外啮合齿轮副的重合度。

同理，可以得到行星轮与内齿轮的内啮合齿轮副各对齿啮合刚度：

$$\begin{cases} k_{rn1} = k_{n1} \\ k_{rn2} = \begin{cases} 0 & \mathrm{mod}(t, T) < (2 - \varepsilon_{Ip})T \\ k_{n2} & \mathrm{mod}(t, T) \geqslant (2 - \varepsilon_{Ip})T \end{cases} \end{cases} \qquad (7\text{-}9)$$

式中，k_{rn1} 是内啮合齿轮副第一对齿的啮合刚度（N/m）；k_{rn2} 是内啮合齿轮副第二对齿的啮合刚度（N/m）；k_{n1} 是内啮合齿轮副第一对齿的啮合刚度（N/m）；k_{n2} 是内啮合齿轮副第二对齿的啮合刚度（N/m）；ε_{Ip} 是内啮合齿轮副的重合度。

齿轮副啮合阻尼与啮合刚度具有同样的形式，故可得齿轮副各对齿啮合力：

$$\begin{cases} F_{sn1} = k_{sn1}x_{sn} + c_{sn1}\dot{x}_{sn} \\ F_{sn2} = k_{sn2}x_{sn} + c_{sn2}\dot{x}_{sn} \\ F_{rn1} = k_{rn1}x_{rn} + c_{rn2}\dot{x}_{rn} \\ F_{rn2} = k_{rn2}x_{rn} + c_{rn2}\dot{x}_{rn} \end{cases} \qquad (7\text{-}10)$$

式中，F_{sn1} 是外啮合齿轮副第一对齿的啮合力（N）；F_{sn2} 是外啮合齿轮副第二对齿的啮合力（N）；F_{rn1} 是内啮合齿轮副第一对齿的啮合力（N）；F_{rn2} 是内啮合齿轮副第二对齿的啮合力（N）。

由于影响齿轮副啮合阻尼的因素较多，一般齿轮副啮合阻尼按下计算：

$$\begin{cases} c_{sn} = 2\xi_1 \sqrt{\dfrac{k_{snm} r_{bs}^2 r_{bn}^2 I_s I_n}{r_{bs}^2 I_s + r_{bn}^2 I_n}} \\[4mm] c_{rn} = 2\xi_2 \sqrt{\dfrac{k_{rnm} r_{br}^2 r_{bn}^2 I_r I_n}{r_{br}^2 I_r + r_{bn}^2 I_n}} \end{cases} \tag{7-11}$$

式中，ξ_1、ξ_2 分别是外、内啮合的阻尼比；k_{snm}、k_{rnm} 分别是外、内啮合齿轮副平均啮合刚度（N/m）。

7.2.3　齿面摩擦力与摩擦力臂的分析

根据库仑摩擦定律，齿轮副齿面摩擦力为：

$$\begin{cases} f_{sn1} = \lambda_{sn1} \mu_{sn} F_{sn1} \\ f_{sn2} = \lambda_{sn2} \mu_{sn} F_{sn2} \\ f_{rn1} = \lambda_{rn1} \mu_{rn} F_{rn1} \\ f_{rn2} = \lambda_{rn2} \mu_{rn} F_{rn2} \end{cases} \tag{7-12}$$

式中，λ 是齿面摩擦力方向系数；μ 是齿面摩擦因数；f_{sn1} 是外啮合齿轮副第一对齿的摩擦力（N）；f_{sn2} 是外啮合齿轮副第二对齿的摩擦力（N）；f_{rn1} 是内啮合齿轮副第一对齿的摩擦力（N）；f_{rn2} 是内啮合齿轮副第二对齿的摩擦力（N）。

摩擦力方向系数是用来判断摩擦力在啮合过程中方向是否改变的系数，一般而言，若啮合经过节点，则摩擦力方向发生改变，具体来说，λ 的判断公式如下：

$$\lambda_{p,gi} = \begin{cases} 1, & l_{pi}(t)/l_{gi}(t) < \Omega_{gp} \\ -1, & l_{pi}(t)/l_{gi}(t) > \Omega_{gp} \\ 0, & l_{pi}(t)/l_{gi}(t) = \Omega_{gp} \end{cases} \tag{7-13}$$

式中，$l_{pi}(t)$，$l_{gi}(t)$ 分别是啮合齿轮副的主、从动轮第 i 对摩擦力臂（mm），由于本书研究的齿轮副重合度均在 1 到 2 之间，所以 i 一般取值为 1 或 2；Ω_{gp} 是从、主动轮在行星轮系中相对速度 Ω_{gc}、Ω_{pc} 的比值，关系式为：$\Omega_{gp} = |\Omega_{gc}/\Omega_{pc}|$。

由于一对啮合的齿轮其重合度一般在 1 到 2 之间，即存在单对齿啮合和双对齿啮合两种状态，双对齿啮合时，同时接触的两个齿对的摩擦力矩相差一个基圆节距 p_{bt}，行星齿轮传动系统中太阳轮与行星轮的外啮合齿轮副在双对齿啮合区时，齿轮副的摩擦力臂示意图如图 7-4 所示。

由图 7-4 可知，当外啮合齿轮副在双对齿啮合区时，一个齿轮同时接触的两个齿对的摩擦力臂相差一个基圆节距，两个齿轮同一齿对的两个摩擦力臂之和等于齿轮副理论啮合线的长度，具体关系如下：

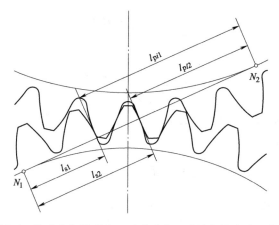

图 7-4 外啮合齿轮副在双对齿啮合区时的摩擦力臂示意图

$$\begin{cases} l_{s1} + l_{n1} = N_1 N_2 = (r_{bs} + r_{bn})\tan\alpha_{sp} \\ l_{s2} + l_{n2} = N_1 N_2 = (r_{bs} + r_{bn})\tan\alpha_{sp} \\ l_{s2} - l_{s1} = p_{bt} \\ l_{n1} - l_{n2} = p_{bt} \end{cases} \tag{7-14}$$

式中，l_{s1}、l_{s2} 分别是太阳轮第一对齿和第二对齿的摩擦力臂（mm）；l_{n1}、l_{n2} 分别是外啮合副行星轮第一对齿和第二对齿的摩擦力臂（mm）；$N_1 N_2$ 是外啮合齿轮副理论啮合线的长度（mm）；p_{bt} 是外啮合齿轮副基圆节距（mm）。

根据外啮合齿轮副的啮合关系，可得太阳轮的摩擦力臂表达式：

$$\begin{cases} l_{s1} = (r_{bs} + r_{bn})\tan\alpha_{sp} - \sqrt{r_{an}^2 - r_{bn}^2} + \mathrm{mod}(\omega_n r_{bn} t, p_{bt}) \\ l_{s2} = (r_{bs} + r_{bn})\tan\alpha_{sp} - \sqrt{r_{an}^2 - r_{bn}^2} + p_{bt} + \mathrm{mod}(\omega_n r_{bn} t, p_{bt}) \end{cases} \tag{7-15}$$

式中，r_{an} 是行星轮齿顶圆半径（mm）。

外啮合齿轮副行星轮的摩擦力臂表达式为：

$$\begin{cases} l_{n1} = (r_{bs} + r_{bn})\tan\alpha_{sp} - l_{s1} \\ l_{n2} = (r_{bs} + r_{bn})\tan\alpha_{sp} - l_{s2} \end{cases} \tag{7-16}$$

当内啮合齿轮副在双对齿啮合区时，一个齿轮同时接触的两个齿对的摩擦力臂也是相差一个基圆节距，而两个齿轮同一齿对的两个摩擦力臂之差等于齿轮副理论啮合线的长度，具体关系如下：

$$\begin{cases} l_{r1} - l'_{n1} = N_1 N_2 = (r_{br} - r_{bn})\tan\alpha_{rp} \\ l_{r2} - l'_{n2} = N_1 N_2 = (r_{br} - r_{bn})\tan\alpha_{rp} \\ l_{r2} - l_{r1} = p_{bt} \\ l'_{n2} - l'_{n1} = p_{bt} \end{cases} \tag{7-17}$$

式中，l_{r1}、l_{r2} 分别是内齿轮第一对齿和第二对齿的摩擦力臂（mm）；l'_{n1}、l'_{n2} 分别是内啮合副行星轮第一对齿和第二对齿的摩擦力臂（mm）；N_1N_2 是内啮合齿轮副理论啮合线的长度（mm）。

根据外啮合齿轮副的啮合关系，可得内齿轮的摩擦力臂表达式：

$$\begin{cases} l_{r1} = \sqrt{r_{ar}^2 - r_{br}^2} + \mathrm{mod}(\omega_n r_{bn} t, p_{bt}) \\ l_{r2} = \sqrt{r_{ar}^2 - r_{br}^2} + p_{bt} + \mathrm{mod}(\omega_n r_{bn} t, p_{bt}) \end{cases} \tag{7-18}$$

式中，r_{ar} 是内齿轮齿顶圆半径（mm）。

内啮合齿轮副行星轮的摩擦力臂表达式为：

$$\begin{cases} l_{n1}' = \sqrt{r_{ar}^2 - r_{br}^2} - (r_{br} - r_{bn})\tan\alpha_{rp} + \mathrm{mod}(\omega_n r_{bn} t, p_{bt}) \\ l_{n2}' = \sqrt{r_{ar}^2 - r_{br}^2} - (r_{br} - r_{bn})\tan\alpha_{rp} + p_{bt} + \mathrm{mod}(\omega_n r_{bn} t, p_{bt}) \end{cases} \tag{7-19}$$

7.3　节点外啮合行星齿轮传动系统动力学方程及求解

7.3.1　节点外啮合行星齿轮传动系统动力学方程

系统共有 $3N+10$ 个自由度，依据牛顿第二定律建立各构件的运动方程，则系统运动微分方程如下式：

$$M_D \ddot{u}_D + k_{DS}(u_D - u_s) + c_{DS}(\dot{u}_D - \dot{u}_s) = \frac{T_D}{r_{bs}}$$

$$\begin{cases} m_s \ddot{x}_s - \sum_{n=1}^{N}(F_{sn1} + F_{sn2})\sin\varphi_{sn} + \sum_{n=1}^{N}(\lambda_1 f_{sn1} + \lambda_2 f_{sn2})\cos\varphi_{sn} + k_{sx}x_s + c_{sx}\dot{x}_s = 0 \\[2mm] m_s \ddot{y}_s + \sum_{n=1}^{N}(F_{sn1} + F_{sn2})\cos\varphi_{sn} + \sum_{n=1}^{N}(\lambda_1 f_{sn1} + \lambda_2 f_{sn2})\sin\varphi_{sn} + k_{sy}y_s + c_{sy}\dot{y}_s = 0 \\[2mm] M_s \ddot{u}_s + \sum_{n=1}^{N}(F_{sn1} + F_{sn2}) - \frac{1}{r_{bs}}\sum_{n=1}^{N}(\lambda_1 f_{sn1} l_{sn1} + \lambda_2 f_{sn2} l_{sn2}) - k_{DS}(u_D - u_s) - \\[2mm] c_{DS}(\dot{u}_D - \dot{u}_s) = 0 \end{cases}$$

$$\begin{cases} m_n \ddot{x}_n + (F_{sn1} + F_{sn2})\sin\varphi_{sn} - (\lambda_1 f_{sn1} + \lambda_2 f_{sn2})\cos\varphi_{sn} + (F_{rn1} + F_{rn2})\sin\varphi_{rn} + \\[2mm] (\lambda_1' f_{rn1} + \lambda_2' f_{rn2})\cos\varphi_{rn} + k_{pn}x_n + c_{pn}\dot{x}_n = 0 \\[2mm] m_n \ddot{y}_n - (F_{sn1} + F_{sn2})\cos\varphi_{sn} - (\lambda_1 f_{sn1} + \lambda_2 f_{sn2})\sin\varphi_{sn} - (F_{rn1} + F_{rn2})\cos\varphi_{rn} + \\[2mm] (\lambda_1' f_{rn1} + \lambda_2' f_{rn2})\sin\varphi_{rn} + k_{pn}y_n + c_{pn}\dot{y}_n = 0 \\[2mm] M_n \ddot{u}_n + (F_{sn1} + F_{sn2}) - \frac{1}{r_{bp}}(\lambda_1 f_{sn1} l_{ns1} + \lambda_2 f_{sn2} l_{ns2}) - (F_{rn1} + F_{rn2}) + \\[2mm] \frac{1}{r_{bp}}(\lambda_1' f_{rn1} l_{nr1} + \lambda_2' f_{rn2} l_{nr2}) = 0 \end{cases}$$

$$\begin{cases} m_r \ddot{x}_r - \sum_{n=1}^{N} (F_{rn1} + F_{rn2}) \sin\varphi_{rn} - \sum_{n=1}^{N} (\lambda'_1 f_{rn1} + \lambda'_2 f_{rn2}) \cos\varphi_{rn} + k_{rx} x_r + c_{rx} \dot{x}_r = 0 \\ m_r \ddot{y}_r + \sum_{n=1}^{N} (F_{rn1} + F_{rn2}) \cos\varphi_{rn} - \sum_{n=1}^{N} (\lambda'_1 f_{rn1} + \lambda'_2 f_{rn2}) \sin\varphi_{rn} + k_{ry} y_r + c_{ry} \dot{y}_r = 0 \\ M_r \ddot{u}_r + \sum_{n=1}^{N} (F_{rn1} + F_{rn2}) - \frac{1}{r_{br}} \sum_{n=1}^{N} (\lambda'_1 f_{rn1} l_{rn1} + \lambda'_2 f_{rn2} l_{rn2}) + k_{ru} (u_r - u_0) + \\ c_{ru} (\dot{u}_r - \dot{u}_0) = 0 \end{cases}$$

$$M_0 \ddot{u}_0 - k_{ru} (u_r - u_0) - c_{ru} (\dot{u}_r - \dot{u}_0) + k_{r0} u_0 + c_{r0} \dot{u}_0 = 0$$

$$M_c \ddot{u}_c + \sum_{n=1}^{N} (k_{pn} \delta_{cnu} + c_{pn} \dot{\delta}_{cnu}) + k_{cL} (u_c - u_L) + c_{cL} (\dot{u}_c - \dot{u}_L) = 0$$

$$M_L \ddot{u}_L - k_{cL} (u_c - u_L) - c_{cL} (\dot{u}_c - \dot{u}_L) = -\frac{T_L}{r_c}$$

上述式中的位移虽然已经统一成线位移的形式，但是系统的 $3N+10$ 个坐标中包含了刚体位移，为了方程的顺利求解，需要去除方程中的刚体位移。为了去除系统的刚体位移，首先定义相对位移坐标：

$$u_{Ds}, x_s, y_s, u_s, x_n, y_n, \delta_{sn}, x_r, y_r, u_r, u_{r0}, u_{cL}$$

其中：

$$u_{Ds} = u_D - u_s$$

$$\delta_{sn} = (x_n - x_s) \sin\varphi_{sn} + (y_s - y_n) \cos\varphi_{sn} + u_s + u_n - e_{sn}(t)$$

$$u_{r0} = u_r - u_0$$

$$u_{cL} = u_c - u_L$$

此时共有 $3N+9$ 个自由度，由此可得内啮合相对位移坐标为：

$$\delta_{rn} = (x_n - x_s) \sin\varphi_{sn} + (x_n - x_r) \sin\varphi_{rn} + (y_s - y_n) \cos\varphi_{sn}$$
$$+ (y_r - y_n) \cos\varphi_{rn} + u_s + u_r - \delta_{sn} - e_{sn}(t) - e_{rn}(t)$$

先进行质量单位化：

$$\ddot{u}_D + \frac{k_{DS}}{M_D} (u_D - u_s) + \frac{c_{DS}}{M_D} (\dot{u}_D - \dot{u}_s) = \frac{T_D}{r_{bs} M_D}$$

$$\begin{cases} \ddot{x}_s - \frac{1}{m_s} \sum_{n=1}^{N} (F_{sn1} + F_{sn2}) \sin\varphi_{sn} + \frac{1}{m_s} \sum_{n=1}^{N} (\lambda_1 f_{sn1} + \lambda_2 f_{sn2}) \cos\varphi_{sn} + \frac{k_{sx}}{m_s} x_s + \frac{c_{sx}}{m_s} \dot{x}_s = 0 \\ \ddot{y}_s + \frac{1}{m_s} \sum_{n=1}^{N} (F_{sn1} + F_{sn2}) \cos\varphi_{sn} + \frac{1}{m_s} \sum_{n=1}^{N} (\lambda_1 f_{sn1} + \lambda_2 f_{sn2}) \sin\varphi_{sn} + \frac{k_{sy}}{m_s} y_s + \frac{c_{sy}}{m_s} \dot{y}_s = 0 \\ \ddot{u}_s + \frac{1}{M_s} \sum_{n=1}^{N} (F_{sn1} + F_{sn2}) - \frac{1}{M_s r_{bs}} \sum_{n=1}^{N} (\lambda_1 f_{sn1} l_{sn1} + \lambda_2 f_{sn2} l_{sn2}) - \frac{k_{DS}}{M_s} (u_D - u_s) - \\ \frac{c_{DS}}{M_s} (\dot{u}_D - \dot{u}_s) = 0 \end{cases}$$

$$\left\{\begin{aligned} &\ddot{x}_n + \frac{1}{m_n}(F_{sn1} + F_{sn2})\sin\varphi_{sn} - \frac{1}{m_n}(\lambda_1 f_{sn1} + \lambda_2 f_{sn2})\cos\varphi_{sn} + \frac{1}{m_n}(F_{rn1} + F_{rn2})\sin\varphi_{rn} + \\ &\qquad\quad \frac{1}{m_n}(\lambda_1' f_{rn1} + \lambda_2' f_{rn2})\cos\varphi_{rn} + \frac{k_{pn}}{m_n}\delta_{xn} + \frac{c_{pn}}{m_n}\dot{\delta}_{xn} = 0 \\ &\ddot{y}_n - \frac{1}{m_n}(F_{sn1} + F_{sn2})\cos\varphi_{sn} - \frac{1}{m_n}(\lambda_1 f_{sn1} + \lambda_2 f_{sn2})\sin\varphi_{sn} - \frac{1}{m_n}(F_{rn1} + F_{rn2})\cos\varphi_{rn} + \\ &\qquad\quad \frac{1}{m_n}(\lambda_1' f_{rn1} + \lambda_2' f_{rn2})\sin\varphi_{rn} + \frac{k_{pn}}{m_n}\delta_{yn} + \frac{c_{pn}}{m_n}\dot{\delta}_{yn} = 0 \\ &\ddot{u}_n + \frac{1}{M_n}(F_{sn1} + F_{sn2}) - \frac{1}{M_n r_{bp}}(\lambda_1 f_{sn1}l_{ns1} + \lambda_2 f_{sn2}l_{ns2}) - \frac{1}{M_n}(F_{rn1} + F_{rn2}) + \\ &\qquad\quad \frac{1}{M_n r_{bp}}(\lambda_1' f_{rn1}l_{ns1} + \lambda_2' f_{rn2}l_{nr2}) = 0 \end{aligned}\right.$$

$$\left\{\begin{aligned} &\ddot{x}_r - \frac{1}{m_r}\sum_{n=1}^{N}(F_{rn1} + F_{rn2})\sin\varphi_{rn} - \frac{1}{m_r}\sum_{n=1}^{N}(\lambda_1' f_{rn1} + \lambda_2' f_{rn2})\cos\varphi_{rn} + \frac{k_{rx}}{m_r}x_r + \frac{c_{rx}}{m_r}\dot{x}_r = 0 \\ &\ddot{y}_r + \frac{1}{m_r}\sum_{n=1}^{N}(F_{rn1} + F_{rn2})\cos\varphi_{rn} - \frac{1}{m_r}\sum_{n=1}^{N}(\lambda_1' f_{rn1} + \lambda_2' f_{rn2})\sin\varphi_{rn} + \frac{k_{ry}}{m_r}y_r + \frac{c_{ry}}{m_r}\dot{y}_r = 0 \\ &\ddot{u}_r + \frac{1}{M_r}\sum_{n=1}^{N}(F_{rn1} + F_{rn2}) - \frac{1}{M_r r_{br}}\sum_{n=1}^{N}(\lambda_1' f_{rn1}l_{rn1} + \lambda_2' f_{rn2}l_{rn2}) + \frac{k_{ru}}{M_r}(u_r - u_0) + \\ &\frac{c_{ru}}{M_r}(\dot{u}_r - \dot{u}_0) = 0 \end{aligned}\right.$$

$$\ddot{u}_0 - \frac{k_{ru}}{M_0}(u_r - u_0) - \frac{c_{ru}}{M_0}(\dot{u}_r - \dot{u}_0) + \frac{k_{r0}}{M_0}u_0 + \frac{c_{r0}}{M_0}\dot{u}_0 = 0$$

$$\ddot{u}_c + \frac{1}{M_c}\sum_{n=1}^{N}(k_{pn}\delta_{cnu} + c_{pn}\dot{\delta}_{cnu}) + \frac{k_{cL}}{M_c}(u_c - u_L) + \frac{c_{cL}}{M_c}(\dot{u}_c - \dot{u}_L) = 0$$

$$\ddot{u}_L - \frac{k_{cL}}{M_L}(u_c - u_L) - \frac{c_{cL}}{M_L}(\dot{u}_c - \dot{u}_L) = -\frac{T_L}{M_L r_c}$$

再消去刚体位移，可得最终方程：

$$\ddot{u}_{DS} - \frac{1}{M_s}\sum_{n=1}^{N}(F_{sn1} + F_{sn2}) + \frac{1}{M_s r_{bs}}\sum_{n=1}^{N}(\lambda_1 f_{sn1}l_{sn1} + \lambda_2 f_{sn2}l_{sn2}) + \left(\frac{1}{M_D} + \frac{1}{M_S}\right)k_{DS}u_{DS} + $$

$$\left(\frac{1}{M_D} + \frac{1}{M_S}\right)c_{DS}\dot{u}_{DS} = \frac{T_D}{r_{bs}M_D}$$

$$
\begin{cases}
\ddot{x}_s - \dfrac{1}{m_s}\sum_{n=1}^{N}(F_{sn1}+F_{sn2})\sin\varphi_{sn} + \dfrac{1}{m_s}\sum_{n=1}^{N}(\lambda_1 f_{sn1}+\lambda_2 f_{sn2})\cos\varphi_{sn} + \dfrac{k_{sx}}{m_s}x_s + \dfrac{c_{sx}}{m_s}\dot{x}_s = 0 \\[3mm]
\ddot{y}_s + \dfrac{1}{m_s}\sum_{n=1}^{N}(F_{sn1}+F_{sn2})\cos\varphi_{sn} + \dfrac{1}{m_s}\sum_{n=1}^{N}(\lambda_1 f_{sn1}+\lambda_2 f_{sn2})\sin\varphi_{sn} + \dfrac{k_{sy}}{m_s}y_s + \dfrac{c_{sy}}{m_s}\dot{y}_s = 0 \\[3mm]
\ddot{u}_s + \dfrac{1}{M_s}\sum_{n=1}^{N}(F_{sn1}+F_{sn2}) - \dfrac{1}{M_s r_{bs}}\sum_{n=1}^{N}(\lambda_1 f_{sn1}l_{sn1}+\lambda_2 f_{sn2}l_{sn2}) - \dfrac{k_{DS}}{M_s}(u_D - u_s) - \\[3mm]
\dfrac{c_{DS}}{M_s}(\dot{u}_D - \dot{u}_s) = 0
\end{cases}
$$

$$
\begin{cases}
\ddot{x}_n + \dfrac{1}{m_n}(F_{sn1}+F_{sn2})\sin\varphi_{sn} - \dfrac{1}{m_n}(\lambda_1 f_{sn1}+\lambda_2 f_{sn2})\cos\varphi_{sn} + \dfrac{1}{m_n}(F_{rn1}+F_{rn2})\sin\varphi_{rn} + \\[3mm]
\dfrac{1}{m_n}(\lambda_1' f_{rn1}+\lambda_2' f_{rn2})\cos\varphi_{rn} + \dfrac{k_{pn}}{m_n}\delta_{xn} + \dfrac{c_{pn}}{m_n}\dot{\delta}_{xn} = 0 \\[3mm]
\ddot{y}_n - \dfrac{1}{m_n}(F_{sn1}+F_{sn2})\cos\varphi_{sn} - \dfrac{1}{m_n}(\lambda_1 f_{sn1}+\lambda_2 f_{sn2})\sin\varphi_{sn} - \dfrac{1}{m_n}(F_{rn1}+F_{rn2})\cos\varphi_{rn} + \\[3mm]
\dfrac{1}{m_n}(\lambda_1' f_{rn1}+\lambda_2' f_{rn2})\sin\varphi_{rn} + \dfrac{k_{pn}}{m_n}\delta_{yn} + \dfrac{c_{pn}}{m_n}\dot{\delta}_{yn} = 0 \\[3mm]
\ddot{\delta}_{sn} + \Big[\Big(\dfrac{1}{m_n}(F_{sn1}+F_{sn2})\sin\varphi_{sn} - \dfrac{1}{m_n}(\lambda_1 f_{sn1}+\lambda_2 f_{sn2})\cos\varphi_{sn} + \\[3mm]
\dfrac{1}{m_n}(F_{rn1}+F_{rn2})\sin\varphi_{rn} + \dfrac{1}{m_n}(\lambda_1' f_{rn1}+\lambda_2' f_{rn2})\cos\varphi_{rn} + \\[3mm]
\dfrac{k_{pn}}{m_n}\delta_{xn} + \dfrac{c_{pn}}{m_n}\dot{\delta}_{xn}\Big) - \Big(\dfrac{1}{m_s}\sum_{n=1}^{N}(F_{sn1}+F_{sn2})\sin\varphi_{sn} + \dfrac{1}{m_s} \\[3mm]
\sum_{n=1}^{N}(\lambda_1 f_{sn1}+\lambda_2 f_{sn2})\cos\varphi_{sn} + \dfrac{k_{sx}}{m_s}x_s + \dfrac{c_{sx}}{m_s}\dot{x}_s\Big)\Big]\sin\varphi_{sn} + \\[3mm]
\Big[\Big(\dfrac{1}{m_s}\sum_{n=1}^{N}(F_{sn1}+F_{sn2})\cos\varphi_{sn} + \dfrac{1}{m_s}\sum_{n=1}^{N}(\lambda_1 f_{sn1}+\lambda_2 f_{sn2})\sin\varphi_{sn} + \dfrac{k_{sy}}{m_s}y_s + \dfrac{c_{sy}}{m_s}\dot{y}_s\Big) - \\[3mm]
\Big(\dfrac{1}{m_n}(F_{sn1}+F_{sn2})\cos\varphi_{sn} - \dfrac{1}{m_n}(\lambda_1 f_{sn1}+\lambda_2 f_{sn2})\sin\varphi_{sn} - \\[3mm]
\dfrac{1}{m_n}(F_{rn1}+F_{rn2})\cos\varphi_{rn} + \dfrac{1}{m_n}(\lambda_1' f_{rn1}+\lambda_2' f_{rn2}) \\[3mm]
\sin\varphi_{rn} + \dfrac{k_{pn}}{m_n}\delta_{yn} + \dfrac{c_{pn}}{m_n}\dot{\delta}_{yn}\Big)\Big]\cos\varphi_{sn} + \\[3mm]
\Big[\dfrac{1}{M_s}\sum_{n=1}^{N}(F_{sn1}+F_{sn2}) - \dfrac{1}{M_s r_{bs}}\sum_{n=1}^{N}(\lambda_1 f_{sn1}l_{sn1}+\lambda_2 f_{sn2}l_{sn2}) - \dfrac{k_{DS}}{M_s}u_{DS} - \dfrac{c_{DS}}{M_s}\dot{u}_{DS}\Big] + \\[3mm]
\Big[\dfrac{1}{M_n}(F_{sn1}+F_{sn2}) - \dfrac{1}{M_n r_{bn}}(\lambda_1 f_{sn1}l_{ns1}+\lambda_2 f_{sn2}l_{ns2}) - \dfrac{1}{M_n}(F_{rn1}+F_{rn2}) + \\[3mm]
\dfrac{1}{M_n r_{bn}}(\lambda_1' f_{rn1}l_{ns1}+\lambda_2' f_{rn2}l_{nr2})\Big] = -\ddot{e}_{sn}(t)
\end{cases}
$$

$$\begin{cases} \ddot{x}_r - \dfrac{1}{m_r}\sum_{n=1}^{N}\left(F_{rn1}+F_{rn2}\right)\sin\varphi_{rn} - \dfrac{1}{m_r}\sum_{n=1}^{N}\left(\lambda_1' f_{rn1}+\lambda_2' f_{rn2}\right)\cos\varphi_{rn} + \dfrac{k_{rx}}{m_r}x_r + \dfrac{c_{rx}}{m_r}\dot{x}_r = 0 \\[2mm] \ddot{y}_r + \dfrac{1}{m_r}\sum_{n=1}^{N}\left(F_{rn1}+F_{rn2}\right)\cos\varphi_{rn} - \dfrac{1}{m_r}\sum_{n=1}^{N}\left(\lambda_1' f_{rn1}+\lambda_2' f_{rn2}\right)\sin\varphi_{rn} + \dfrac{k_{ry}}{m_r}y_r + \dfrac{c_{ry}}{m_r}\dot{y}_r = 0 \\[2mm] \ddot{u}_r + \dfrac{1}{M_r}\sum_{n=1}^{N}\left(F_{rn1}+F_{rn2}\right) - \dfrac{1}{M_r r_{br}}\sum_{n=1}^{N}\left(\lambda_1' f_{rn1} l_{rn1}+\lambda_2' f_{rn2} l_{rn2}\right) + \dfrac{k_{ru}}{M_r}u_{r0} + \dfrac{c_{ru}}{M_r}\dot{u}_{r0} = 0 \end{cases}$$

$$\ddot{u}_{r0} + \frac{1}{M_r}\sum_{n=1}^{N}\left(F_{rn1}+F_{rn2}\right) - \frac{1}{M_r r_{br}}\sum_{n=1}^{N}\left(\lambda_1' f_{rn1} l_{rn1}+\lambda_2' f_{rn2} l_{rn2}\right) + \left(\frac{1}{M_r}+\frac{1}{M_0}\right)k_{ru} u_{r0} +$$

$$\left(\frac{1}{M_r}+\frac{1}{M_0}\right)c_{ru}\dot{u}_{r0} - \frac{k_{r0}}{M_0}\left(u_r - u_{r0}\right) - \frac{c_{r0}}{M_0}\left(\dot{u}_r - \dot{u}_{r0}\right) = 0$$

$$\ddot{u}_{cL} + \frac{1}{M_c}\sum_{n=1}^{N}\left(k_{pn}\delta_{cnu}+c_{pn}\dot{\delta}_{cnu}\right) + \left(\frac{1}{M_c}+\frac{1}{M_L}\right)k_{cL} u_{cL} + \left(\frac{1}{M_c}+\frac{1}{M_L}\right)c_{cL}\dot{u}_{cL} = \frac{T_L}{M_L r_c}$$

对上述动力学微分方程式，利用数值法求解时，还存在一个问题，方程中若各系数的数量级存在比较大的差异，将会导致计算结果无法收敛，因此为了得到较为理想的计算结果，在对系统方程进行计算求解前需先对方程组进行无量纲化处理。令位移标称尺度为 b_c，则无量纲位移的表达式为 $X = \overline{X} b_c$，无量纲时间 $\tau = \omega_n t$，无量纲激励频率 $\Omega = \omega/\omega_n$，从而得到无量纲速度的表达式：

$$\dot{X} = \frac{dX}{dt} = \frac{dX}{d\tau}\frac{d\tau}{dt} = \frac{d(\overline{X} b_c)}{d\tau}\frac{d(\omega_n t)}{dt} = b_c\omega_n\frac{d\overline{X}}{d\tau} = \dot{\overline{X}} b_c\omega_n \tag{7-20}$$

无量纲加速度的表达式为：

$$\dot{X} = \frac{dX}{dt} = \frac{d(b_c\omega_n\dot{\overline{X}})}{d\tau}\frac{d\tau}{dt} = \ddot{\overline{X}} b_c\omega_n^2 \tag{7-21}$$

式中，$\omega_n = \sqrt{\dfrac{k_{msn}}{m_{eq}}}$，$m_{eq} = 1 \Big/ \left(\dfrac{1}{m_s}+\dfrac{1}{m_n}\right) = \dfrac{1}{r_{bn}^2/I_n + r_{bs}^2/I_s}$。

同样可以得到内外啮合副啮合误差的无量纲形式：

$$\begin{cases} \overline{e}_{sn}(\tau) = \dfrac{e_{sn}(\tau/\omega_n)}{b_c} = \dfrac{e_{sn}(t)}{b_c} \\[2mm] \dot{\overline{e}}_{sn}(\tau) = \dfrac{\dot{e}_{sn}(\tau/\omega_n)}{b_c} = \dfrac{\dot{e}_{sn}(t)}{b_c\omega_n} \\[2mm] \ddot{\overline{e}}_{sn}(\tau) = \dfrac{\ddot{e}_{sn}(\tau/\omega_n)}{b_c} = \dfrac{\ddot{e}_{sn}(t)}{b_c\omega_n^2} \end{cases} \tag{7-22}$$

$$\begin{cases} \bar{e}_{\mathrm{m}}(\tau) = \dfrac{e_{\mathrm{m}}(\tau/\omega_{\mathrm{n}})}{b_{\mathrm{c}}} = \dfrac{e_{\mathrm{m}}(t)}{b_{\mathrm{c}}} \\[3mm] \dot{\bar{e}}_{\mathrm{m}}(\tau) = \dfrac{\dot{e}_{\mathrm{m}}(\tau/\omega_{\mathrm{n}})}{b_{\mathrm{c}}} = \dfrac{\dot{e}_{\mathrm{m}}(t)}{b_{\mathrm{c}}\omega_{\mathrm{n}}} \\[3mm] \ddot{\bar{e}}_{\mathrm{m}}(\tau) = \dfrac{\ddot{e}_{\mathrm{m}}(\tau/\omega_{\mathrm{n}})}{b_{\mathrm{c}}} = \dfrac{\ddot{e}_{\mathrm{m}}(t)}{b_{\mathrm{c}}\omega_{\mathrm{n}}^{2}} \end{cases} \tag{7-23}$$

将无量纲化后的系统微分方程用矩阵形式表示为：

$$[M]\{\ddot{\bar{X}}\} + [C]\{\dot{\bar{X}}\} + [K]\{\bar{X}\} = \{F\} \tag{7-24}$$

7.3.2 系统微分方程的求解

使用 Runge-Kutta 数值积分方法对系统动力学微分方程组求解之前，需要将二阶微分方程组化为一阶导数形式的状态方程组，即将上式转化为如下形式：

$$X = -M^{-1}[C\dot{X} + Kf(X)] + M^{-1}F \tag{7-25}$$

首先，引入一个 $2N$ 维状态向量：

$$x = \begin{Bmatrix} X \\ \dot{X} \end{Bmatrix} \tag{7-26}$$

则式（7-26）可以写成如下一阶微分方程组的形式：

$$\dot{x} = \begin{bmatrix} 0 & I \\ -M^{-1}K & -M^{-1}C \end{bmatrix} x + \begin{Bmatrix} 0 \\ M^{-1}F \end{Bmatrix} \tag{7-27}$$

从而可以通过采用数值积分的方法来求解这一节点外啮合行星齿轮传动系统的响应。

7.4 节点外啮合行星齿轮系统动力学分析

7.4.1 节点外啮合行星齿轮传动系统固有特性

将动力学方程中啮合阻尼和啮合误差取为零，并且不考虑系统的输入和输出激励时，得到系统的自由振动方程：

$$[M]\{\ddot{X}\} + [K]\{X\} = 0 \tag{7-28}$$

以第 4 章中得到的优化参数作为分析对象，刚度矩阵中的各啮合刚度用平均啮合刚度代替，对其进行求解特征值，得到节点外啮合行星齿轮传动系统的固有频率和无量纲频率见表 7-2。

表 7-2　节点外啮合行星齿轮传动系统的固有频率和无量纲频率

频率	阶次							
	1	2	3	4	5	6	7	8
固有频率/Hz	1517	2069	2087	2104	2140	2140	2487	2516
无量纲频率	0.0995	0.1356	0.1368	0.1379	0.1403	0.1403	0.1630	0.1650

频率	阶次							
	9	10	11	12	13	14	15	16
固有频率/Hz	4422	4430	7804	9850	9850	15995	16032	17595
无量纲频率	0.2899	0.2904	0.5116	0.6458	0.6458	1.0486	1.0511	1.1535

频率	阶次							
	17	18	19	20	21	22	23	24
固有频率/Hz	18269	21296	28473	29152	29789	30460	31817	77873
无量纲频率	1.1977	1.3961	1.8677	1.9112	1.9530	1.9969	2.0859	5.1053

　　表 7-2 中出现了两处固有频率值相同的情况，分别是第五阶和第六阶固有频率，以及第十二阶和第十三阶固有频率。在动力学分析中，系统的这种固有频率相等的情况称为重频，是由于系统的对称结构所造成的。各阶固有频率对应的模态振型如图 7-5 所示。

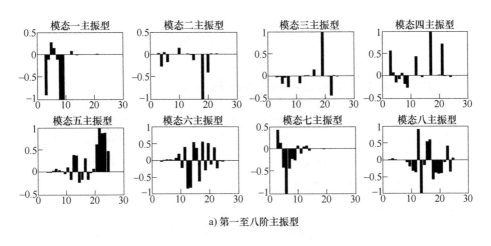

a) 第一至八阶主振型

图 7-5　节点外啮合行星齿轮传动系统模态振型图

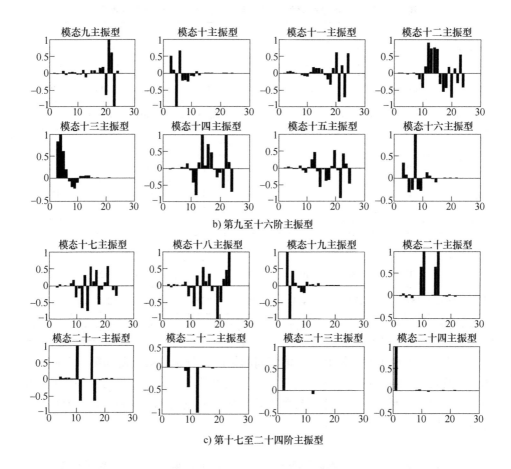

b) 第九至十六阶主振型

c) 第十七至二十四阶主振型

图 7-5 节点外啮合行星齿轮传动系统模态振型图（续）

7.4.2 节点外啮合行星齿轮传动系统固有频率分析

在上述节点外啮合行星齿轮传动系统中，通过单独改变输入轴扭转刚度、输出轴扭转刚度、外啮合刚度和内啮合刚度，来研究这些参数分别对系统各阶固有频率的影响。由于系统自由度较多，故仅取前五阶固有频率用来分析。

1. 输入轴扭转刚度对固有频率的影响

改变系统输入轴扭转刚度时，系统各阶固有频率见表 7-3，将所得结果绘制成图，得到系统各阶固有频率随输入轴扭转刚度变化的规律，如图 7-6所示。

表 7-3　改变输入轴扭转刚度时系统各阶的固有频率

固有频率	扭转刚度/（N/m）				
	10^6	10^7	10^8	10^9	10^{10}
第一阶固有频率/Hz	627	1504	1517	1517	1517
第二阶固有频率/Hz	1529	1946	2069	2069	2069
第三阶固有频率/Hz	2069	2069	2087	2087	2087
第四阶固有频率/Hz	2087	2087	2103	2104	2104
第五阶固有频率/Hz	2119	2140	2140	2140	2140

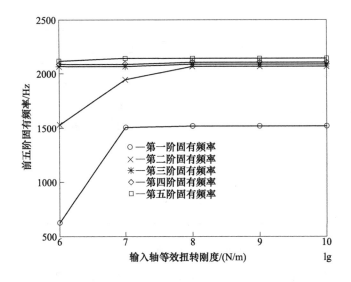

图 7-6　系统各阶固有频率随输入轴扭转刚度变化的规律

图 7-6 中，带"○"线条表示第一阶固有频率，带"×"线条表示第二阶固有频率，带"＊"线条表示第三阶固有频率，带"◇"线条表示第四阶固有频率，带"□"线条表示第五阶固有频率。

由表 7-3 和图 7-6 可知，随着系统输入轴扭转刚度的增大，系统第一和第二阶固有频率先呈增大趋势后趋于稳定，而其他阶固有频率基本不变。

2. 输出轴扭转刚度对固有频率的影响

改变系统输出轴扭转刚度时，系统各阶的固有频率见表 7-4，将所得结果绘制成图，得到系统各阶固有频率随输出轴扭转刚度变化的规律，如图 7-7 所示。

表 7-4　改变输出轴扭转刚度时系统各阶的固有频率

固有频率	扭转刚度/（N/m）				
	10^6	10^7	10^8	10^9	10^{10}
第一阶固有频率/Hz	1517	1517	1517	1517	1517
第二阶固有频率/Hz	2069	2069	2069	2069	2069
第三阶固有频率/Hz	2087	2087	2087	2087	2087
第四阶固有频率/Hz	2104	2104	2104	2104	2104
第五阶固有频率/Hz	2140	2140	2140	2140	2140

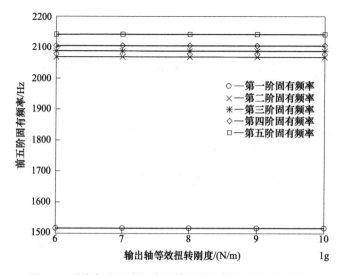

图 7-7　系统各阶固有频率随输出轴扭转刚度变化的规律

图 7-7 中阶数符号说明见图 7-6 的说明。

由表 7-4 和图 7-7 可知，随着系统输出轴扭转刚度的增大，系统前五阶固有频率基本不变。

3. 外啮合刚度对固有频率的影响

改变系统外啮合齿轮副啮合刚度时，系统各阶的固有频率见表 7-5，将所得结果绘制成图，得到系统各阶固有频率随外啮合刚度变化的规律，如图 7-8 所示。

图 7-8 中阶数符号说明见图 7-6 的说明。

由表 7-5 和图 7-8 可知，随着系统外啮合刚度的增大，系统前五阶固有频率均呈一定的增大趋势，而后当外啮合刚度达到 10^8 时趋于稳定。

表 7-5 改变外啮合刚度时系统各阶的固有频率

固有频率	扭转刚度/(N/m)				
	10^6	10^7	10^8	10^9	10^{10}
第一阶固有频率/Hz	630	1462	1514	1517	1517
第二阶固有频率/Hz	1574	1907	2058	2069	2069
第三阶固有频率/Hz	1599	1918	2078	2087	2087
第四阶固有频率/Hz	1610	1957	2097	2104	2104
第五阶固有频率/Hz	1696	2107	2138	2140	2140

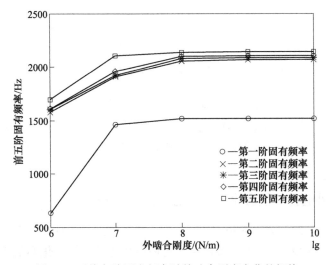

图 7-8 系统各阶固有频率随外啮合刚度变化的规律

4. 内啮合刚度对固有频率的影响

改变系统内啮合刚度时，系统各阶的固有频率见表 7-6，将所得结果绘制成图，得到系统各阶固有频率随内啮合刚度变化的规律，如图 7-9 所示。

表 7-6 改变内啮合刚度时系统各阶的固有频率

固有频率	扭转刚度/(N/m)				
	10^6	10^7	10^8	10^9	10^{10}
第一阶固有频率/Hz	229	688	1362	1514	1529
第二阶固有频率/Hz	1873	1969	2059	2068	2069
第三阶固有频率/Hz	1928	2014	2080	2087	2087
第四阶固有频率/Hz	2065	2085	2102	2104	2104
第五阶固有频率/Hz	2096	2128	2139	2140	2140

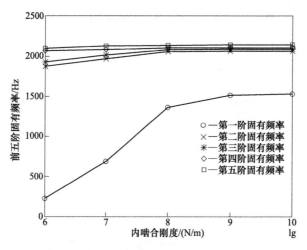

图 7-9   系统各阶固有频率随内啮合刚度变化的规律

图 7-9 中阶数符号说明见图 7-6 的说明。

由表 7-6 和图 7-9 可知，随着系统内啮合刚度的增大，系统前五阶固有频率都呈增大趋势，且第一阶增大趋势尤为明显，当内啮合刚度达到 10^8 左右时，固有频率渐渐趋于稳定。

7.4.3   节点外啮合行星齿轮传动系统动态响应分析

采用四阶-五阶 Runge-Kutta 算法，对上述系统进行了计算。在齿轮副啮合过程中，摩擦因数随着参与啮合部分的不同是一个变量，但变化幅值不大，故在本章摩擦力研究中将摩擦因数当作定值，取平均摩擦因数 $\mu_m = 0.05$ 来计算。为消除系统的瞬态响应，从系统进入稳态时开始取值计算，分别得到外、内啮合相对位移以及内齿轮振动响应，如图 7-10 和图 7-11 所示。

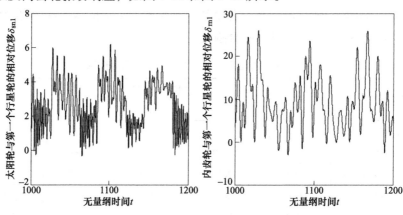

图 7-10   啮合线上振动相对位移

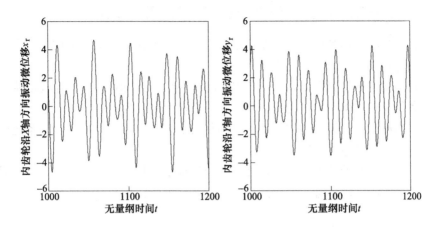

图 7-11　内齿轮振动响应

由图 7-11 可知，由于内啮合采用了柔性内齿轮，扭转刚度相对较小，因此相比太阳轮与行星轮外啮合的相对位移 δ_{sn1}，内齿轮与行星轮的相对位移 δ_{m1} 幅值更大。

为考虑摩擦力对节点外啮合行星齿轮传动系统动态特性的影响，取平均摩擦因数 $\mu_m = 0$，得到此时系统外、内啮合相对位移，如图 7-12 所示。

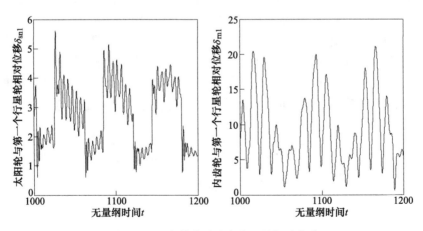

图 7-12　无摩擦力时啮合线上的相对位移

对比图 7-10 和图 7-12 可知，当摩擦因数从 0.05 变为 0 后，啮合线方向上系统振动响应的幅值明显减小，表明摩擦力是系统内部激振源，会加剧系统的振动。

7.4.4　节点外啮合行星齿轮传动系统均载系数计算与分析

在行星齿轮传动系统中，总是希望各行星齿轮的载荷分配尽量均匀，因此确定行星齿轮传动系统中轮齿的均载系数对整个系统的可靠性设计有重要意义。

在理想的均载情况下，行星齿轮传动系统所有的载荷由 N 个行星轮共同承担，且各行星轮所承担的载荷相同，即各行星轮间的载荷均匀分布，这是最理想的情况；当载荷分布最不均匀，即所有的载荷全由一个行星轮承受时，系统的均载效果达到最不理想的情况。

为了去除瞬时动载的影响，在计算系统均载系数时，首先计算一个齿频周期中外啮合齿轮副和内啮合齿轮副的均载系数 $b_{\mathrm{sp}ij}$ 和 $b_{\mathrm{rp}ij}$：

$$b_{\mathrm{sp}ij} = N\,(F_{\mathrm{sp}ij})_{\max}\Big/\sum_{i=1}^{N}(F_{\mathrm{sp}ij})_{\max} \qquad (i=1,2,\cdots,N;j=1,2,\cdots,n_1) \quad (7\text{-}29)$$

$$b_{\mathrm{rp}ij} = N\,(F_{\mathrm{rp}ij})_{\max}\Big/\sum_{i=1}^{N}(F_{\mathrm{rp}ij})_{\max} \qquad (i=1,2,\cdots,N;j=1,2,\cdots,n_2) \quad (7\text{-}30)$$

式中，$(F_{\mathrm{sp}ij})_{\max}$ 和 $(F_{\mathrm{rp}ij})_{\max}$ 分别是行星齿轮传动系统的外啮合齿轮副和内啮合齿轮副一个齿频周期中动载荷的最大值，其值可以在求得外、内啮合副啮合线方向的相对位移后，根据式（7-10）求得；N 为行星轮个数。

行星齿轮传动系统周期中均载系数则是用所有齿频周期中均载系数的最大值来表示的，行星轮与太阳轮和行星轮与内齿轮传动的均载系数表达式分别为：

$$B_{\mathrm{sp}i} = |b_{\mathrm{sp}ij}-1|_{\max}+1 \qquad (i=1,2,\cdots,N;j=1,2,\cdots,n_1) \qquad (7\text{-}31)$$

$$B_{\mathrm{rp}i} = |b_{\mathrm{rp}ij}-1|_{\max}+1 \qquad (i=1,2,\cdots,N;j=1,2,\cdots,n_2) \qquad (7\text{-}32)$$

式中，n_1 和 n_2 分别是系统周期中外啮合和内啮合传动的齿频周期数。

针对上述参数的行星齿轮传动系统，通过改变内齿轮联轴器的扭转刚度 k_{r0}，得到不同的均载系数，从而可得内、外啮合均载系数随 k_{r0} 的变化趋势，如图7-13所示。

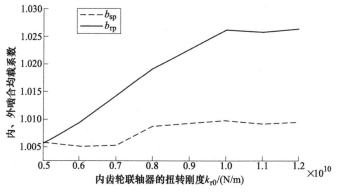

图 7-13　内齿轮联轴器扭转刚度单独变化时的均载系数

由图 7-13 可知，对于外啮合来说，由于改变的是内齿轮联轴器的扭转刚度，所以对其均载系数影响不大，而对内啮合而言，随着内齿轮联轴器扭转刚度 k_{t0} 的增大，内啮合均载系数 b_{rp} 也不断增大，载荷分配越不均匀，但当 k_{t0} 达到一定值时，其均载系数变化趋势渐趋稳定。因此，对于行星齿轮传动系统来说，采用具有一定柔性的内齿轮会提高其内啮合载荷分配的均匀性。

分别计算 $\mu_m = 0$ 和 $\mu_m = 0.05$ 两种情况下内、外啮合副的均载系数，结果见表 7-7。

表 7-7　节点外啮合行星齿轮传动系统的均载系数

摩擦因数	外啮合均载系数	内啮合均载系数
0	1.0037	1.0252
0.05	1.0117	1.0164

由表 7-7 可得，当摩擦因数由 0 变为 0.05 时，由于外啮合齿轮副摩擦力经过节点时换向，引起激励，所以其均载系数增大；而内啮合为节点外啮合，齿面摩擦力没有换向过程，少这一激励因素，其均载系数反而有所减小。

通过改变摩擦因数的值，得到不同摩擦因数下系统的均载系数，从而可得外、内啮合均载系数随齿面摩擦因数的变化趋势，如图 7-14 所示。

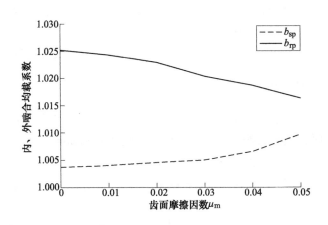

图 7-14　均载系数随摩擦因数的变化趋势

由图 7-14 可知，外啮合为普通啮合，随着摩擦因数的逐渐变大，均载系数也随之增大，载荷分配越不均匀，而内啮合为节点外啮合，均载系数随着摩擦因数的增大反而逐渐减小，这说明节点外啮合可以改善系统的均载特性。

节点外系数是用来表示节点外啮合齿轮副节点远离实际啮合线的程度，变化范围在 0 到 1 之间，值越大，表示节点外啮合程度越大，即实际啮合线离节点的距离越大；值越小，表示节点外啮合程度越小，即实际啮合线离节点的距离越小。对本书介绍的内啮合副为节点后啮合而言，其计算表达式为：

$$\lambda = \frac{r_{a3} - r'_3}{m_3}$$

式中，r_{a3} 是内齿轮齿顶圆半径（mm）；r'_3 是内齿轮节圆半径（mm）；m_3 是内齿轮模数（mm）。

通过改变行星轮和内齿轮的变位系数，可以改变节点外系数，变位系数的改变，会导致齿轮轮廓的改变，从而影响啮合刚度，最终导致均载系数的不同。内啮合均载系数随节点外系数的变化趋势如图 7-15 所示。

由图 7-15 可知，随着节点外系数的增大，内啮合均载系数先逐渐减小，当节点外系数达到 0.2 附近时，内啮合均载

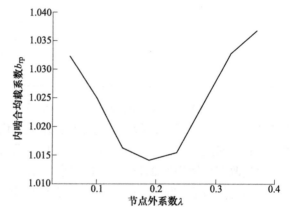

图 7-15　内啮合均载系数随节点外系数的变化趋势

系数达到最小值，再随着节点外系数的增大，内啮合均载系数又逐渐增大。

7.4.5　振动加速度分析

由上述微分方程求解理论，通过 Matlab 运用 ode45 可求解出系统的振动加速度。为了与后面的试验数据作对比，现取太阳轮横向和纵向振动加速度来进行分析，可得其随无量纲时间的变化规律，如图 7-16 和图 7-17 所示。

由图 7-16 和图 7-17 可知，太阳轮横向和纵向振动加速度均随着时间作近似周期性变化，其最大幅值在 200m/s^2 左右。

在保证功率不变的情况下，改变节点外啮合行星齿轮传动系统的转速，可得到不同转速下的太阳轮横向和纵向振动加速度随无量纲时间的变化规律（时域图），如图 7-18 和图 7-19 所示。

由图 7-18 和图 7-19 可知，在恒功率情况下，随着电动机转速的增加，太阳轮横向和纵向振动加速度幅值均增大。

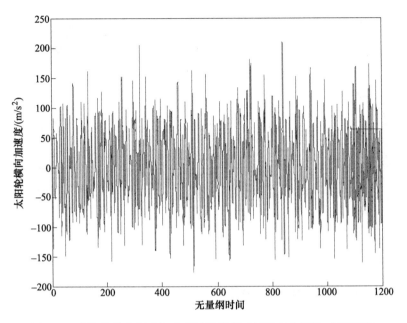

图 7-16　太阳轮横向振动加速度随无量纲时间的变化规律（时域图）

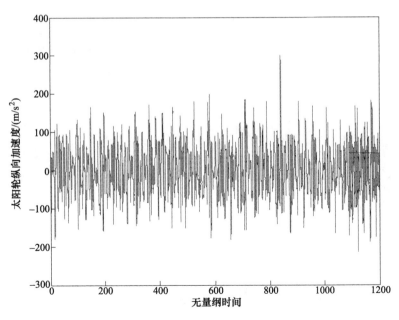

图 7-17　太阳轮纵向振动加速度随无量纲时间的变化规律（时域图）

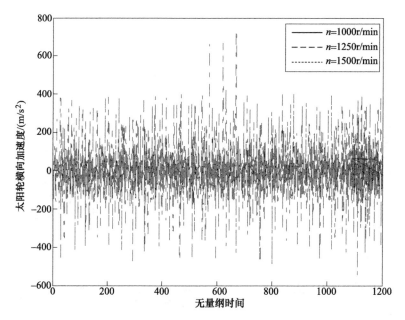

图 7-18　恒功率不同转速下太阳轮横向振动加速度随无量纲时间的变化规律（时域图）

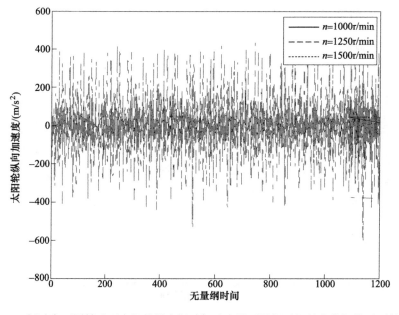

图 7-19　恒功率不同转速下太阳轮纵向振动加速度随无量纲时间的变化规律（时域图）

同理，在保证转速不变的情况下，改变节点外啮合行星齿轮传动系统的功率，得到不同功率下的太阳轮横向和纵向振动加速度时域图，如图 7-20 和图7-21 所示。

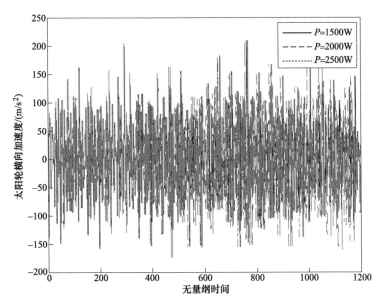

图 7-20　恒转速不同功率下的太阳轮横向振动加速度随无量纲时间的变化规律（时域图）

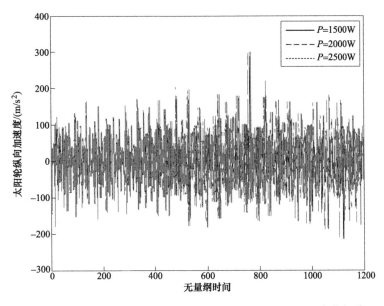

图 7-21　恒转速不同功率下的太阳轮纵向振动加速度随无量纲时间的变化规律（时域图）

由图 7-20 和图 7-21 可知，在恒转速情况下，随着电动机输入功率的增加，太阳轮横向和纵向振动加速度幅值变化不明显。

本章小结

本章以 NGW 型节点外啮合行星齿轮传动系统作为研究对象，在考虑齿轮副齿面摩擦力的情况下，利用集中质量法建立了系统自由度为 $3N+10$ 的动力学模型。根据动力学模型建立了节点外啮合行星齿轮传动系统的动力学微分方程组，通过线性变换，在消除系统刚体位移的基础上，得到了系统的无量纲方程；分析了系统的固有频率及振型；求解了系统的动态响应。并在此基础上得到了太阳轮横向和纵向振动加速度的时域图，分析了节点外啮合传动系统转速和功率对太阳轮横向和纵向振动加速度的影响。

参 考 文 献

［1］刘晶晶．节点外啮合齿轮副设计方法及动力学分析［D］．南京：南京航空航天大学，2012．

［2］孙永正．节点外啮合行星齿轮传动系统设计方法及动力学分析［D］．南京：南京航空航天大学，2013．

［3］孙永正，朱如鹏，鲍和云．节点外啮合齿轮胶合承载能力中平均摩擦因数的计算方法［J］．航空动力学报，2013，28（9）：2155-2160．

［4］周兴军．节点外啮合行星齿轮系动力学均载分析及试验验证［D］．南京：南京航空航天大学，2015．

［5］鲍和云，周兴军，朱如鹏，等．考虑柔性齿圈的节点外啮合行星齿轮均载特性分析［J］．中南大学学报（自然科学版），2016，47（9）：3005-3010．

［6］谭在银．节点外啮合行星轮系耦合动力学分析及试验验证［D］．南京：南京航空航天大学，2016．

［7］鲍和云，谭在银，朱如鹏．节点外啮合行星轮系耦合动力学分析及试验验证［J］．中南大学学报（自然科学版），2017，48（8）：2016-2023．

［8］王诠惠．双模数节点外啮合齿轮副齿间载荷分配研究［D］．南京：南京航空航天大学，2016．

［9］鲍和云，张亚运，朱如鹏，等．摩擦因数时变的节点外啮合齿轮系动力学分析［J］．南京航空航天大学学报，2016，48（6）：815-821．

［10］张亚运．节点外啮合齿轮传动系统动力学研究及试验验证［D］．南京：南京航空航天大学，2017．

［11］高明，周英．节点外啮合理论应用在直齿圆柱齿轮变位系数优化中的研究［J］．机械，1997，24（2）：2-4．

［12］马纲．等变位节点外啮合齿轮传动性能分析［J］．江苏广播电视大学学报，2000，11（4）：23-24．

［13］郑增铭，柳青松．少齿数渐开线齿轮节点外啮合的判定条件［J］．兰州工业高等专科学校学报，2004，11（3）：13-15．

［14］田青云，王保民，张国海．渐开线圆柱齿轮出现节点外啮合的研究［J］．陕西理工学院学报（自然科学版），2007，23（2）：5-7．

［15］HIDAKA T, TERAUCHI Y, FUJII M. Analysis of dynamic tooth load on planetary gear［J］. Bulletin of JSME, 1980, 23（176）: 315-323.

［16］KAHRAMAN A. Free torsional vibration characteristics of compound planetary gear sets［J］. Mechanism and Machine Theory, 2001, 36（8）: 953-971.

［17］AL-SHYYAB A, KAHRAMAN A. A non-linear dynamic model for planetary gear sets［J］. Proceedings of the Instiution of Mechanical Engineers, Part K: Journal of Multi-body Dynamics, 2007, 221（4）: 567-576.

［18］日本机械学会技术资料《齿轮强度设计资料》出版社分科. 齿轮强度设计资料［M］. 李茹贞，赵清慧，译. 北京：机械工业出版社，1984.

［19］COMELL R W. Compliance and stress sensitivity of spur gear teeth［J］. ASME Journal of Mechanical Design，1981，103（19）：447-459.